꽤 유쾌하고 쓸모있는 과학

감사의 글

어머니, 아버지. 제가 해냈어요! 책을 좋아하도록 이끌고, 세상이 아름답다는 사실을 알려주셔서 고마워요. 저를 사랑하고 지지해 주셔서 감사합니다. 빈, 끼니와 잠을 거르지 않도록 신경 써 주어서 고마워. 당신은 나보다 나를 더 믿어준 사람이야. 세상에서 가장 멋져. 1년 차 햇병아리인 나를 도와준 모든 사람에게 감사의 인사를 전합니다. 고맙고, 고맙고, 또 고마워요.

일러두기

1. 이 책의 맞춤법과 인명, 지명 등의 외래어 표기는 국립국어원의 규정을 바탕으로 했으며, 규정에 없는 경우는 현지 음에 가깝게 표기했습니다.
2. 영어, 한자, 부가 설명은 본문 안에 괄호 처리했으며, 인명은 본문 안에 병기로 처리했습니다.

한 번에 이해하는 단숨 지식 시리즈 01

왜 유쾌하고 쓸모 있는 과학

빅토리아 윌리엄스 지음 박지웅 역

차례

머리말 • 7
책 소개 • 8

1장 • 물질과 재료
1.1 입자와 원자 • 12
1.2 화학 원소 • 14
1.3 주기율표 • 16
1.4 분자와 화합물 • 18
1.5 재료의 특성 • 20
1.6 화학 반응 • 22
1.7 산과 염기 • 24
⋯ 퀴즈 • 26

2장 • 파동
2.1 파동의 성질 • 30
2.2 전자기파 스펙트럼 • 32
2.3 가시광선 • 34
2.4 색 • 36
2.5 엑스선 • 38
2.6 전파 • 40
2.7 소리 • 42
2.8 초음파와 초저주파 • 44
⋯ 퀴즈 • 46

3장 • 우주
3.1 우주와 은하 • 50
3.2 혜성, 소행성, 유성 • 52
3.3 별 • 54
3.4 태양계 • 56
3.5 지구의 공전 • 58
3.6 낮과 밤 • 60
3.7 달 • 62
3.8 우주 활동 • 64
⋯ 퀴즈 • 66

4장 • 지구과학
4.1 지구의 형성 • 70
4.2 지구의 대기 • 72
4.3 지구조론 • 74
4.4 화산과 지진 • 76
4.5 암석과 광물 • 78
4.6 풍화 • 80
4.7 물의 순환 • 82
4.8 날씨와 기후 • 84
⋯ 퀴즈 • 86

5장 • 힘과 운동
5.1 힘이란? • 90
5.2 운동 • 92
5.3 중력과 무게 • 94
5.4 마찰력과 항력 • 96
5.5 회전력과 비틀림 • 98
5.6 인장, 압축, 휨 • 100
5.7 부력 • 102
5.8 압력 • 104
5.9 자석 • 106
⋯ 퀴즈 • 108

6장 • 에너지와 전기
6.1 에너지의 종류 • 112
6.2 에너지 이동 • 114
6.3 가열 • 116
6.4 연소 • 118
6.5 전기 • 120
6.6 전기 회로 • 122
6.7 전기가 집으로 오기까지 • 124
6.8 재생 가능 에너지와 재생 불가능 에너지 • 126
⋯ 퀴즈 • 128

7장 • 상태 변화
7.1 고체, 액체, 기체 • 132
7.2 밀도 • 134
7.3 확산 • 136
7.4 응고와 융해 • 138
7.5 비등, 증발, 응축 • 140
7.6 승화와 증착 • 142
7.7 혼합물과 용액 • 144
⋯ 퀴즈 • 146

8장 • 생물과 생태계
8.1 생물의 기본 단위 • 150
8.2 생물의 분류 • 152
8.3 미생물 • 154
8.4 식물 • 156
8.5 동물 • 158
8.6 서식지와 생태계 • 160
8.7 지구의 생물군계 • 162
8.8 생물다양성 • 164
8.9 먹이 사슬과 먹이 그물 • 166
⋯ 퀴즈 • 168

9장 • 유전자와 진화
9.1 DNA • 172
9.2 유전 • 174
9.3 진화 • 176
9.4 적응 • 178
9.5 경쟁 • 180
9.6 선택 교배와 가축화 • 182
9.7 멸종 • 184
9.8 화석 • 186
⋯ 퀴즈 • 188

10장 • 인체
10.1 골격계와 근육계 • 192
10.2 호흡계 • 194
10.3 순환계 • 196
10.4 구강 • 198
10.5 소화계 • 200
10.6 면역계 • 202
10.7 신경계 • 204
10.8 생식계 • 206
⋯ 퀴즈 • 208

정답 • 210
용어 사전 • 221

머리말

물체가 물에 뜨는 이유는 무엇인가? 낮과 밤은 왜 순환하는가? 음식은 어떤 과정을 거쳐 소화되는가? 사물이 거울에 비치는 원리는 무엇인가? 전기란 정확히 무엇인가?

우리가 사는 세상은 의문과 신비로 가득하다. 사람들은 오래전부터 세상을 이해하기 위해 가설을 세우고 증명하기를 거듭했다. 이미 몇 가지 문제는 풀렸다. 위에서 언급한 다섯 가지 질문 역시 마찬가지이며, 이 책에서도 이에 대한 답을 찾을 수 있다. 하지만 아직 해결하지 못한 수수께끼도 많다. 과학자를 포함한 각종 전문가들은 남은 문제를 처리하기 위해 지금도 새로운 단서를 찾고 가설을 세우고 있다.

세상의 신비를 푸는 과정은 깔끔하지도, 간단하지도 않다. 오류를 범하거나 핵심 단서를 놓치는 일이 만연하고, 우연의 일치로 답을 발견할 때도 많다. 과학자들은 매일 머리를 맞대고 정답을 찾아 헤맨다. 광활한 우주에서는 너무도 많은 사건이 벌어진다. 어쩌면 우리가 우주를 완벽하게 이해하는 날은 영원히 오지 않을지도 모른다. 그러나 우리는 쉬지 않고 지식을 축적한다. 과학이 흥미로운 이유가 여기에 있다.

과학은 책이나 과학자의 머릿속에서만 존재하는 것이 아니다. 과학은 우리가 맞닥뜨리는 세상 어디에나 존재한다. 비행기는 물론이고 오븐에서 노릇노릇 구워지고 있는 요리에도 과학이 있다. 바다를 건너고, 집을 환하게 밝히고, 달에 진출할 수 있는 것도 전부 과학 덕분이다. 이 책은 우주를 탐사하고, 지하 세계를 누비고, 인체를 여행하고, 우주 만물을 이루는 입자를 파헤치는 등 다양한 경험을 제공한다. 이 책에 인류가 지금까지 정리한 과학을 전부 담을 수는 없었지만, 병아리 과학자에게 필요한 소양은 전부 녹여 냈다고 자신한다. 책을 덮은 뒤 더 자세히 공부할 분야를 정하고, 과학과 함께 성장하는 일은 오롯이 자신의 몫이다. 언젠가 여러분이 과학의 판도를 영원히 뒤바꾸는 날이 오길 바란다.

책 소개

이 책은 10개의 주제를 중심으로 관련 있는 핵심 과학 개념을 폭넓게 다룬다. 과학이라는 방대한 학문을 체계적으로 알려줄 안내서라고 생각하자. 이 책을 읽음으로써 우리는 일상에서 마주치는 것들을 다른 시각으로 보는 통찰력을 기를 수 있다. 인간이 사는 행성 지구부터 우주, 생태계부터 전기, 운동부터 유전자, 과학의 초석을 제공한 발견, 시대를 앞선 과학자의 업적에 관한 내용을 실었다. 첫 장부터 마지막 장까지 과학을 탐구하는 과정에서 방향을 잡고 깊이 있게 이해할 수 있도록 도움을 주는 다양한 지식으로 가득하다.

• **이 책의 주제**

각 장의 도입부에는 핵심을 요약한 소개말이 있다.

토막 상식

거의 모든 장마다 한눈에 들어오는 자투리 지식을 담았다. 조금 사소할지
몰라도 재미있고 유용한 상식이니 꼼꼼히 읽길 바란다

퀴즈

각 장의 끝에는 퀴즈가 있다. 다음 장으로 넘어가기 전에 이번 주제를 얼
마나 이해했는지 스스로 확인해 볼 수 있다.

간단 요약

각 장의 끝에 요약을 준비했다. 주제를 간단하게 복습하는 데 도움을 주니
꼭 한 번씩 읽어보자.

쪽지 시험

주제마다 쪽지 시험이 있다. 학습 내용을 제대로 이해했는지, 실생활에 응
용할 수 있는지 확인해 볼 수 있다. 해당 주제를 공부한 직후에 푸는 편이
좋으며, 막힌다고 해서 앞의 내용을 흘끔거려서는 안 된다.

• **정답**

퀴즈와 쪽지 시험의 답은 책의 뒤쪽에 있다. 답을 베끼지 말고 꼭 자신의 힘
으로 풀자!

① 물질과 재료

만물은 물질로 이루어져 있다. 지금 입고 있는 옷, 피부를 둘러싼 공기, 머나먼 우주에서 불타는 별까지 모두 마찬가지다. 물질은 수천수만 가지 방식으로 정렬하며, 이에 따라 물체의 질감, 색, 냄새 등이 달라진다.

이번 장에서 배우는 것

입자와 원자   재료의 특성

화학 원소   화학 반응

주기율표   산과 염기

분자와 화합물

1.1 입자와 원자

만물은 '원자'라는 입자로 구성된다. 공기, 먼지, 금, 다이아몬드 등 '물질'에 해당되는 것은 전부 마찬가지다. 인체 역시 수조 개의 작은 세포로 이루어져 있으며, 세포는 약 100조 개의 원자로 구성된다. 원자는 무척 작아서 성능 좋은 현미경이 있어야 볼 수 있다.

원자의 내부에는 세 종류의 '아원자 입자'가 존재한다. 바로 양성자, 중성자, 전자다. 양성자와 중성자는 하나로 뭉쳐 원자의 중심에 핵을 형성하고, 전자는 형성된 원자핵의 외곽을 돈다. 양성자는 양전하를, 전자는 음전하를 띤다. 자극이 그렇듯, 반대 전하는 서로를 끌어당긴다. 중성자는 이름에서도 알 수 있듯이 중성을 띤다. 따라서 전하가 없다. 같은 맥락으로, 핵의 양성자는 전자가 궤도를 벗어나지 못하게 붙잡는다. 이러한 아원자 입자가 원자를 구성하며 그 수에 따라 원소의 성질이 달라진다(13쪽 참고).

전자는 '껍질'을 이루며 핵을 공전한다. 달걀 껍데기나 달팽이의 패각처럼 비교적 단단한 껍데기를 생각해서는 안 된다. 전자의 껍질은 핵을 여러 겹으로 둘러싼 '궤도'에 가깝다. 태양 주변을 도는 행성의 궤도를 떠올리면 이해가 쉽다. 또한 전자껍질마다 보유할 수 있는 전자 수가 정해져 있는데, 원자핵에서 멀리 떨어진 껍질일수록 크기가 크며 더 많은 전자를 보유하고 있다.

토막 상식

- 아원자 입자보다 작은 물질도 있다. 중성자와 양성자는 '쿼크'라는 입자로 이루어진다. 쿼크는 아주 작아서 1960년대에 이르러서야 과학자들이 그 존재를 눈치챌 수 있었다.

- 모래알 하나를 이루는 원자는 전 세계 모든 해변의 모래알을 다 합한 것보다 많으며, 인체를 구성하는 원자의 개수는 우주에 있는 모든 별의 개수보다 많다.

쪽지 시험

1. 양전하를 띠는 아원자 입자는 무엇일까?

2. 양성자, 중성자, 전자 중 크기가 가장 작은 것은
   무엇일까?

3. 전자는 _____을 이루며 궤도운동한다.

4. 원자의 중심은 무엇일까?

5. 원자 중심에서 먼 껍질일수록 보유할 수 있
   는 전자 수가 늘어난다 or 줄어든다.

원자의 수명은 보통 무한하거나 매우 길다. 화학 반응(22쪽 참고) 과
정에서 구성이 변하며 전자를 교환할 수는 있지만, 핵이 조각나는 일
은 거의 없다. 인체를 이루는 원자는 거의 수십억 년 전에 생겨났다.
지금 우리 몸을 형성하는 원자는 예전에 공룡, 별, 호수, 다른 사람의
일부였을지도 모른다.

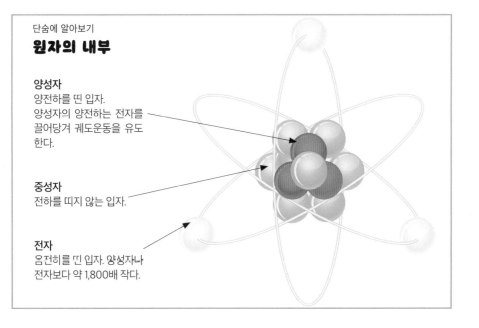

단숨에 알아보기
원자의 내부

양성자
양전하를 띤 입자.
양성자의 양전하는 전자를
끌어당겨 궤도운동을 유도
한다.

중성자
전하를 띠지 않는 입자.

전자
음전히를 띤 입자. 양성자나
전자보다 약 1,800배 작다.

1.2 화학 원소

원자를 이루는 양성자, 중성자, 전자 수는 가지각색이다. 원소는 아원자 입자 수가 같고 구조가 동일한 원자끼리 모여서 만들어진다. 이렇게 만들어진 원소는 분해할 수 없는 순수한 물질이다.

만물은 최소 한 가지 이상의 원소와 원자를 포함하고 있다. 대부분의 원소는 다른 원소와 결합하여 분자를 형성할 수 있지만, 헬륨 및 일부 원소는 다른 원소와 결합하지 않는다.

자연 발생 원소는 90가지가 넘는다. 원소마다 특징이 다른 이유를 찾아낸 뒤로 과학자들은 아원자 입자의 수를 바꾸며 새로운 원소를 만들어냈다. 이렇게 만들어진 인공 원소까지 포함하면 현존 원소는 118개다. 당연한 소리지만, 새로운 원소를 만들어낸다면 그 수는 더 늘어난다.

화학 기호

산소, 수소, 은 같은 원소는 흔히 '화학 원소'라고 부른다. 당연히 이러한 원소들을 이루는 원자는 전부 다르다. 화학 원소는 각각 고유의 기호를 갖고 있으며, 이 기호는 모든 나라에서 통일되어 있다. 산소(Oxygen)는 어느 나라에서든 O이며, 헬륨(Helium)은 반드시 He다. 한편 영어 단어와 무관한 기호도 존재한다. 금(Gold)과 철(Iron)이 여기에 속하는데, 각각 Au와 Fe로 표현한다. 이러한 원소는 비영어권 국가의 과학자가 발견한 경우가 많다. 예를 들어 금(Au)은 라틴어 Aurum에서, 철(Fe)은 라틴어 ferrum에서 유래했다.

토막 상식 • 수소는 우주에서 가장 흔한 원소다. 양성자 하나와 전자 하나로 구성된 단순한 원소이기도 하다. 대폭발(50쪽 참고)이 발생한 뒤, 처음으로 세상에 모습을 드러낸 원소 역시 수소와 헬륨이다.

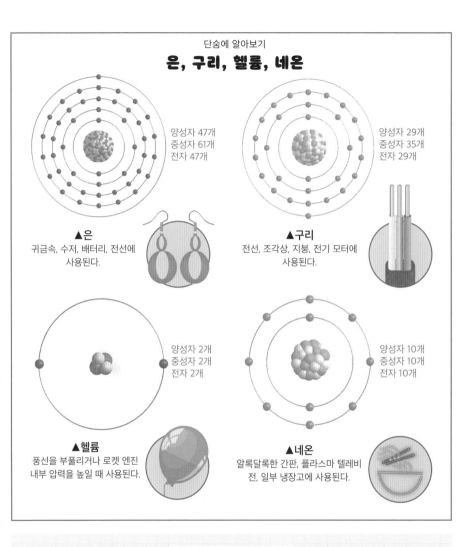

단숨에 알아보기

은, 구리, 헬륨, 네온

양성자 47개
중성자 61개
전자 47개

▲은
귀금속, 수저, 배터리, 전선에
사용된다.

양성자 29개
중성자 35개
전자 29개

▲구리
전선, 조각상, 지붕, 전기 모터에
사용된다.

양성자 2개
중성자 2개
전자 2개

▲헬륨
풍선을 부풀리거나 로켓 엔진
내부 압력을 높일 때 사용된다.

양성자 10개
중성자 10개
전자 10개

▲네온
알록달록한 간판, 플라스마 텔레비
전, 일부 냉장고에 사용된다.

쪽지 시험

1. 자연 발생하는 원소는 몇 가지일까?

2. 원소는 _____ 할 수 없다.

3. 간판에 사용되는 원소는 무엇일까?

4. 화학 기호는 나라마다 다르다 or 같다.

1.3 주기율표

주기율표는 1869년, 러시아 화학자인 드미트리 이바토비치 멘델레예프_{Dmitrii Ivanovich}

Mendeleev가 처음 제안한 개념이다. 주기율표를 이용하면 화학 원소의 유형을 확인하거나 비슷한 성질끼리 분류할 수 있다. 이 덕에 발견하지 못한 원소의 성질도 예측할 수 있다.

주기율표에는 118개의 모든 화학 원소가 있다. 주기율표는 원자 구조를 기준으로 원소를 분류하며, 족(세로줄)과 주기(가로줄)를 따라 정리한다. 원소의 성질은 원자의 구조에 따라 달라지므로, 족이 같은 원소는 보통 성질이 비슷하다.

주기율표

주기율표에서 다루지 않는 원소는 없다.
가장 가벼운 원소는 맨 위에 자리한다.
비금속원소는 약 20개에 불과하다.

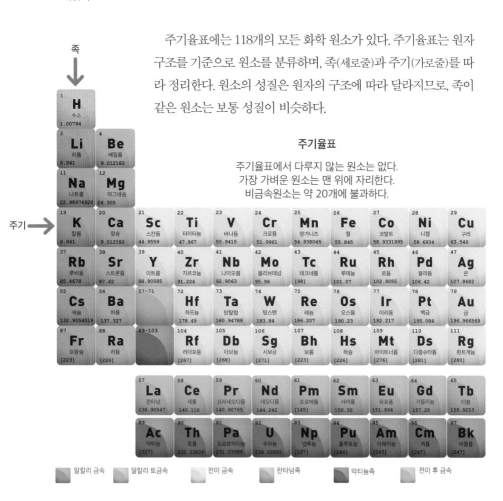

원자 번호
핵의 양성자 수

화학 기호

원자 질량
원소에 있는 원자 하나의 질량

쪽지 시험

1. 족이 같은 원소는 _____의 수도 같다.
2. 주기율표를 처음 제안한 사람은 누구일까?
3. 같은 _____의 원소는 보통 성질이 비슷하다.
4. _____는 다른 원소와 거의 반응하지 않는다.
5. 금속원소와 비금속원소 중 종류가 더 많은 것은 무엇일까?

주기
주기가 같은 원소는 전부 핵 주변의 전자껍질 수도 같다.

족
족이 같은 원소는 최외각전자껍질의 전자 수도 같다. 보통 형태와 성질도 유사하다.

 준금속   할로겐 원소   비활성기체   기타 비금속

1.4 분자와 화합물

두 개 이상의 원자가 결합하면 분자가 탄생한다. 원자가 결합하는 방식은 셀 수 없을 정도로 많다. 물체마다 색, 질감, 냄새, 맛, 구성 물질이 다른 이유가 여기에 있다.

일부 분자는 단 한 종류의 원자로 구성된다. 보통 쌍으로 움직이는 산소가 여기에 해당한다. 하지만 대부분의 분자는 화합물이다. 보통 하나 이상의 원소가 모여 분자를 이룬다는 뜻이다. 예를 들어 물 분자는 수소 원자 두 개와 산소 원자 한 개가 결합한 형태다.

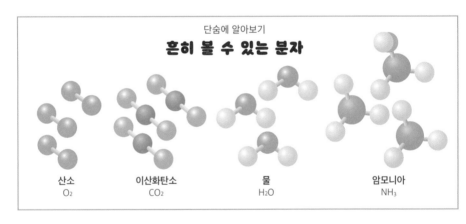

단숨에 알아보기

흔히 볼 수 있는 분자

산소	이산화탄소	물	암모니아
O_2	CO_2	H_2O	NH_3

분자의 '재료'는 화학식으로 나타낸다. 화학식은 분자의 성분과 원자 비율을 표현한다. 예를 들어 물의 화학식은 H_2O다. 이처럼 원자 수는 문자 뒤에 숫자를 붙여서 나타낸다. 앞이 아니라 뒤라는 사실을 기억하자. 숫자가 없다면 원자가 한 개 있다는 뜻이다.

 토막 상식
- 가장 작은 분자는 두 개의 원자로 구성된다. 산소가 여기에 해당한다. 단백질이나 DNA처럼 수천 개, 수백만 개, 수십억 개의 원자로 이루어진 고분자는 현미경으로 볼 수 있다.

화학 결합은 크게 '이온 결합'과 '공유 결합' 두 가지로 구분할 수 있는데 둘 다 전자와 관련이 있다. 원자는 전자껍질에 전자를 가득 채우려는 성질이 있어 전자껍질에 자리가 남으면 서로 결합하여 숫자를 맞춘다.

공유 결합이 발생하면 결합한 원자들은 서로 일부 전자를 공유하면서 최외곽껍질을 채운다. 이온 결합은 한 원자가 다른 원자에게 전자를 줄 때 일어난다. 최외곽껍질에 전자가 몇 개 없는 원자는 다른 원자에게 전자를 주고, 최외곽껍질이 거의 다 찬 전자는 다른 원자에서 전자를 받아 안정적인 상태를 유지한다. 한 원자가 다른 원자에게 전자를 주면 두 원자의 전자와 양성자 수가 달라진다. 전자를 준 원자는 양전하를, 받은 원자는 음전하를 띠면서 서로를 끌어당긴다. 이러한 차이 때문에 이온 결합의 결합 세기가 공유 결합보다 강하다.

쪽지 시험

1. 물은 화학 원소일까?
2. 화학 결합은 크게 _____ 결합과 _____ 결합 두 가지로 나뉜다.
3. 화합물이란 무엇일까?
4. 공유 결합과 이온 결합 중 결합의 세기가 더 강한 것은 _____ 결합이다.
5. 분자를 구성하는 모든 원자는 _____으로 나타낼 수 있다.

공유 결합 VS 이온 결합

공유 결합
전자를 공유한다.

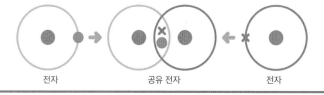

전자   공유 전자   전자

이온 결합
한 원자가
다른 원자에
전자를 넘겨준다.

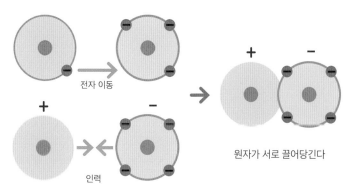

전자 이동

인력

원자가 서로 끌어당긴다

1.5 재료의 특성

재료란 목재, 금속, 플라스틱, 고무, 유리 같은 물질 혹은 여러 물질의 혼합물이다. 재료의 성질은 측정하거나 느낄 수 있고, 형태, 느낌, 움직임으로 묘사할 수 있다.

재료는 목적에 따라 유용성이 다르다. 종이는 글을 쓰거나 선물을 포장할 때는 좋은 재료가 되지만, 집을 짓는 데에는 어울리지 않는다.

금속
금속 물체는 하나의 원소 혹은 합금이라는 여러 원소의 조합으로 이루어진다. 대부분의 금속은 단단하고 강하며 광택이 있다. 또한 열과 전기를 전달하고, 일부는 자성을 띠며, 전성, 연성, 내구성이 뛰어나다.

유리
유리는 다양한 광물을 고온에서 녹여 만든다. 보통 투명한 성질을 띠므로 안경이나 창문을 만드는 데 적합하다.

토막 상식
• 다이아몬드는 지구에 존재하는 자연 물질 중 강도가 강한 편에 속한다. 다이아몬드는 압력을 강하게 받은 탄소 원자가 서로 가까이 붙으면서 만들어진다. 강하게 결합한 탓에 원자가 다시 떨어져 나가지 못한다. 다이아몬드를 사용해 다른 물질을 긁거나 자를 수 있으나, 다이아몬드에 같은 영향을 미칠 수 있는 물질은 거의 없다.

플라스틱
플라스틱은 특정 화학물질을 섞어서 만드는 인공 재료이며 다양한 형태로 생산할 수 있다. 또한 방수성이 있으며 열과 전기를 전달하지 않는다.

고무
고무는 고무나무에서 얻는 라텍스라는 물질이나 석유로 만든다. 방수성과 탄성이 뛰어나므로 공이나 부츠 같은 물건을 제조할때 사용한다.

단숨에 알아보기

재료의 특성

직접 보거나 느낄 수 있는 재료의 특성 중 몇 가지는 다음과 같다.

강도
부서지기 전까지
버티는 정도

인성
갑자기 받은 충격을
견디는 성질

전성
외형을 바꾸는 힘에 순응하
는 성질

탄성
기존 형태로 돌아가는 성질

강성
구부리는 힘에
저항하는 성질

연성
얇고 길게
늘어나는 성질

전도성
열이나 전기를
전달하는 성질

흡수성
물 같은 액체를
흡수하는 성질

경도
긁고, 뚫고, 변형하는
힘에 저항하는 정도

취성
부서지거나
깨지는 성질

내구성
낡거나 닳지 않고
버티는 성질

투명성
빛을 통과시키는 성질

쪽지 시험

1 흡수성이란 무엇일까?

2. 취성이 있는 물질에는 무엇이 있을까?

3. 금속의 성질 중 전선을 만드는 데 유용하게 쓰이는 것은 무엇일까?

4. 나무는 투명성을 띨까?

1.6 화학 반응

요리, 자동차가 연료를 태우는 과정, 소화 작용, 우유가 상했다는 사실을 알아차리는 상황을 떠올려 보자. 화학 반응은 연구실에서만 벌어지는 특별한 일이 아니다. 물질이 상호작용하고 원자 배열이 변하면 화학 반응이 일어난다.

화학 반응이 발생하면 분자를 구성하는 원자 간의 결합이 깨진다. 원자는 서로 떨어졌다가 다른 방식으로 붙는다. 이때 발생한 에너지는 흡수되거나 방출되며 새로운 물질이 탄생한다. 화학 반응 과정에서 상호작용하는 물질을 '반응물', 반응으로 인해 탄생한 물질을 '생성물'이라고 부른다.

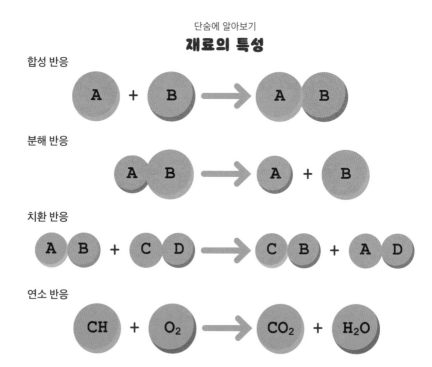

단숨에 알아보기
재료의 특성

합성 반응

분해 반응

치환 반응

연소 반응

원자가 움직이거나 배열이 바뀔 수는 있어도 아예 사라지거나 새로 생기는 일은 없다. 때문에 반응 전후 생성물과 반응물의 원자 수는 반드시 같다. 질량 역시 동일하다. 이를 '질량 보존의 법칙'이라고 한다.

화학 반응의 종류는 다양하다.

• **합성**: 두 개 이상의 반응물이 결합하여 새로운 화합물을 만드는 반응.
• **분해**: 한 물질이 분해되어 여러 가지 생성물로 변하는 반응.
• **치환**: 한 원자가 다른 화합물의 원자와 자리를 바꾸는 반응.
• **연소**: 물질이 산소와 결합하여 불에 타는 발열 반응.

반응물과 생성물은 화학 방정식으로 나타낼 수 있다. 화학 방정식은 물질의 이름 혹은 분자식을 이용해 모든 원자의 재배열 방식을 표현한다. 이때 좌변과 우변의 원자 수는 무조건 같다.

반응 속도는 물질마다 다르다. 종이는 순식간에 타지만 철은 천천히 녹는다. 변하거나 소모되지 않으면서 반응 속도를 높이는 물질을 '촉매'라고 한다. 촉매는 공장 등에서 대규모 반응을 필요로 할 때 요긴하게 쓰인다. 반응이 빠를수록 생산량이 늘어나기 때문이다. 반응 속도를 높이는 또 다른 방법은 물질의 온도를 높이는 것이다.

화학 방정식

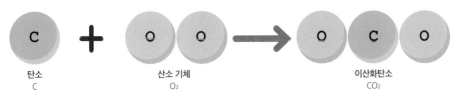

탄소
C

산소 기체
O_2

이산화탄소
CO_2

1.7 산과 염기

지구상에 존재하는 거의 모든 액체는 정도의 차이가 있을 뿐, 산성 혹은 염기성으로 나뉜다. 강한 산은 다른 물질을 부식시킨다. 염기성을 띠는 물질 중에는 미끈거리는 것이 많다. 또한 염기성이 강한 액체는 기름을 제거하는 용도로 사용되곤 한다.

산성 액체에는 수소 이온(H⁺)이 많이 포함되어 있다. 수소 이온은 양전하를 띤 입자로, 물 분자가 두 개의 수소 원자 중 하나를 잃을 때 발생한다. 양전하를 띠는 이유는 평범한 수소 원자보다 전자가 하나 적기 때문이다.

염기성 액체에는 수산화 이온(OH⁻)이 많이 포함되어 있다. 수산화 이온은 수소 원자를 잃으면서 음전하를 띤 물 분자의 잔해이다. 전자가 하나 더 많으므로 음전하를 띤다.

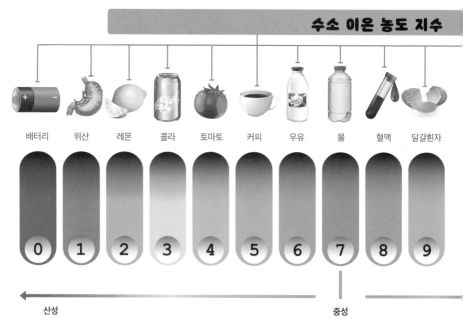

수소 이온 농도 지수

수소 이온 농도 지수는 0~14단계로 나뉘는데, 0은 강산성, 14는 강염기성이다. 양극단의 물질은 반응성이 무척 강해 위험할 수 있으므로 조심해서 다뤄야 한다. 수소 이온 농도 지수가 5~6이면 약산성, 8~9이면 약염기성이다. 7인 물질은 산성도 염기성도 아닌 완벽한 중성이다. 그러나 중성 액체는 거의 없다. (순수한 물이나 휘발유 정도가 중성에 속한다고 볼 수 있다.)

중화

산성 액체와 염기성 액체를 한곳에 모으면 일어나는 화학 반응을 '중화'라고 부른다. 산성과 염기성 액체를 섞으면 수소 이온의 양전하와 수산화 이온의 음전하가 서로 상쇄하면서 물과 소금이 발생한다. 중화는 발열 반응이므로 혼합물의 온도가 높아진다.

제산제 암모니아 용액 비누 표백제 오물 용해제

10 11 12 13 14

염기성

쪽지 시험

1. 수산화 이온이 띠는 전하는 무엇일까?
2. 중화 반응의 생성물은 무엇일까?
3. 수소 이온 농도 지수가 12인 물질은 무엇일까?
4. 염기성 액체의 맛은 어떨까?
5. 위산의 수소 이온 농도 지수는 _____이다.

물질과 재료

1. 전자가 띠는 전하는 무엇일까?

  A. 양전하

  B. 음전하

  C. 자성

  D. 중성

2. 다이아몬드를 이루는 원소는 무엇일까?

  A. 네온

  B. 산소

  C. 탄소

  D. 질소

3. 화학 원소는 총 몇 개일까?

  A. 102

  B. 90

  C. 136

  D. 118

4. 금속의 특성에 해당하지 않는 것은 무엇일까?

  A. 연성

  B. 전도성

  C. 탄성

  D. 전성

5. 합성 반응이란 무엇일까?

  A. 물질이 불에 타는 반응

  B. 한 원자가 다른 원자와 자리를 바꾸는 반응

  C. 두 개 이상의 반응물이 결합해 새로운 화합물을 만드는 반응

  D. 한 물질이 분해되어 여러 가지 생성물로 변하는 반응

6. 흡수성이란 무엇일까?

  A. 구부리는 힘에 저항하는 성질

  B. 액체를 흡수하는 성질

  C. 외형을 바꾸는 힘에 순응하는 성질

  D. 낡거나 닳지 않고 버티는 성질

7. 주기율표 가장 오른쪽 족(세로줄)의 원소는 최외각껍질이 _____.

  A. 가득 차 있다

  B. 없다

  C. 비어있다

  D. 손상을 입었다

8. 반응물과 생성물은 _____ 으로 표현할 수 있다.

  A. 화학 기호

  B. 화학 방정식

  C. 화학 결합

  D. 화학식

9. 산에는 _____ 이/가 많다.

  A. 수소 이온

  B. 물 분자

  C. 산소 원자

  D. 수산화 이온

10. 중화 반응의 생성물은 무엇일까?

  A. 물과 산소

  B. 소금과 물

  C. 수소와 소금

  D. 산소와 수소

※ 정답은 210쪽에서 확인할 수 있어요.

1장

간단 요약

만물은 물질로 이루어진다. 물질의 배열 방식은 셀 수 없을 정도로 다양하며, 이에 따라 질감, 색, 냄새가 달라진다.

- 만물은 원자라는 입자로 구성된다. 원자에는 세 종류의 아원자 입자가 존재한다. 바로 양성자, 중성자, 전자다.
- 아원자 입자 수가 같고 구조가 동일한 원자끼리 모이면 원소가 탄생한다. 원소는 분해할 수 없는 순수한 물질이다.
- 주기율표에는 118개의 화학 원소가 있다. 주기율표는 원자 구조를 기준으로 원소를 분류하며, 족과 주기라는 세로줄과 가로줄을 따라 정리한다. 원소의 성질은 원자의 구조에 따라 달라지므로 족이 같은 원소는 보통 성질이 비슷하다.
- 두 개 이상의 원자가 결합하면 분자가 탄생한다.
- 분자의 원자는 화학 결합으로 붙는다.
- 재료란 목재, 금속, 플라스틱, 고무, 유리 같은 물질 혹은 여러 물질의 혼합물이다. 재료의 성질은 측정하거나 느낄 수 있다.
- 화학 반응이 발생하면 분자를 구성하는 원자 간의 결합이 깨진다. 원자는 서로 떨어졌다가 다른 방식으로 붙는다.
- 지구상에 존재하는 거의 모든 액체는 정도의 차이만 있을 뿐, 산성 혹은 염기성을 띤다.
- 물질의 산성과 염기성은 수소 이온 농도 지수로 측정한다. 0부터 14까지 있는데 0은 강산성, 14는 강염기성이다.

2

파동

번개는 왜 천둥보다 빠를까? 의사는 어떻게 환자의 뼈를 볼 수 있을까? 인터넷의 작동 원리는 무엇일까? 이 세 가지는 모두 파동과 관련 있다. 사실 여러분이 이 책을 읽을 수 있는 이유도 어떤 파동이 도움을 주기 때문이다.

─── 이번 장에서 배우는 것 ───

파동의 성질	엑스선
전자기파 스펙트럼	전파
가시광선	소리
색	초음파와 초저주파

2.1 파동의 성질

'파동'이라는 말을 들으면 흔히 파도를 떠올리곤 한다. 하지만 물리학에서 파동이란 어떤 에너지를 공간과 물질을 통해 다른 장소로 전달하는 교란(진동) 현상을 말한다.

파동은 역학파와 전자기파로 구분된다. 역학파는 공기나 물 같은 매질을 교란하며 운동한다. 예시로는 음파를 들 수 있다. 전자기파는 전기장과 자기장을 통해 이동하며, 매질 없이도 퍼져 나간다. 빛이 전자기파에 해당한다.

진동 방향으로 파동을 구분할 수도 있다. 횡파는 매질이 위아래로 운동하면서 에너지를 앞으로 전달한다. 슬링키(Slinky, 용수철 형태의 장난감)를 늘린 다음, 한쪽 끝을 잡고 위아래로 흔들면 횡파의 운동을 관찰할 수 있다. 이제 슬링키의 한쪽 끝을 반대 방향으로 밀면 일부가 뭉쳤다가 다시 퍼진다. 이것은 매질의 운동과 에너지의 이동 방향이 같은 종파의 에너지 전달 방식이다.

토막 상식 • 바다의 표면에서 발생하는 파동은 표면파다. 이는 횡파나 종파와는 다르며, 바람이 수표면을 스쳐 위쪽의 물이 원을 그리며 일렁이는 현상이다.

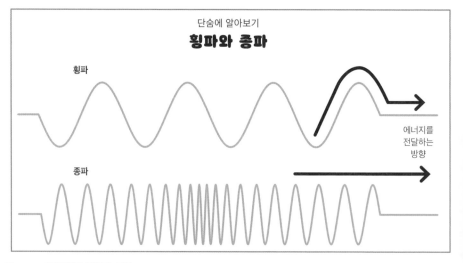

단숨에 알아보기
횡파와 종파

횡파

에너지를 전달하는 방향

종파

파동의 구조

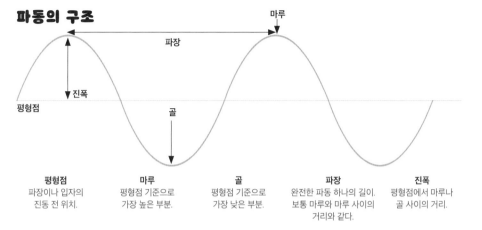

평형점	마루	골	파장	진폭
파장이나 입자의 진동 전 위치.	평형점 기준으로 가장 높은 부분.	평형점 기준으로 가장 낮은 부분.	완전한 파동 하나의 길이. 보통 마루와 마루 사이의 거리와 같다.	평형점에서 마루나 골 사이의 거리.

파동의 성질

파동의 핵심 성질은 다섯 가지다. 하나라도 변하면 성질과 운동이 달라진다.

- **진폭**: 평형점에서 마루까지의 거리.
- **파장**: 마루에서 마루까지의 거리.
- **진동수**: 1초 동안 특정 지점을 통과하는 파장의 수. 헤르츠(Hz)로 나타낸다.
- **주기**: 완전한 파동 하나가 특정 지점을 통과하는데 걸리는 시간.
- **속도**: 공간 혹은 매질을 통해 이동하는 교란의 빠르기.

이번 장을 더 읽다 보면 알겠지만, 파동은 우리 주변에 언제나, 어디에나 있다. 파동은 보고 듣는 것을 가능케 한다. 인간은 파동을 통해 부러진 뼈를 확인하거나 음식을 익히는 등 다양하게 이용하고 있다.

쪽지 시험

1. 이동하기 위해 매실이 필요한 파동은 무엇일까?
2. 파동에서 평형점 기준으로 가장 높은 부분은 무엇일까?
3. 평형점이란 무엇일까?
4. 앞으로 이동하면서 위아래로 진동하는 파동은 무엇일까?
5. 파장이란 무엇일까?

2.2 전자기파 스펙트럼

전자기파는 물이나 공기 같은 매질 없이도 빠르게 진행하는 파동이다. 심지어 진공에서도 나아갈 수 있다. 파장이 가장 짧은 전자기파부터 가장 긴 전자기파까지 나열한 표를 '전자기파 스펙트럼'이라고 한다. 진동수가 다양한 전자기파를 모아놓은 만큼 저마다 용도가 다르며, 다소 위험한 전자기파도 존재한다.

전자기파 스펙트럼

전파	마이크로파 적외선		적외선
100 m	1 m	1 cm	0.01 cm 1000 r

텔레비전, 라디오, 휴대전화에 정보를 보낼 때 사용한다. 파장이 길다.

전자레인지, 레이더, 위성 통신에 사용한다.

야간 감시나 특수 망원경에 용하는 파동이다. 빨간색 가시광선보다 파장이 길다.

쪽지 시험

1. 파장이 가장 짧은 전자기파는 무엇일까?
2. 야간 촬영 카메라에 응용하는 전자기파는 무엇일까?
3. 역학파와 전자기파의 가장 큰 차이점은 무엇일까?
4. 일광화상을 유발하는 파동은 무엇일까?

인간은 오랫동안 가시광선 외의 전자기파를 알지 못했다. 전자기파 스펙트럼에서 맨눈으로 볼 수 있는 파동은 가시광선밖에 없기 때문이다. 나머지 전자기파의 존재를 알게 된 것은 불과 얼마 전이었다. 전자기파는 음파나 물결파 같은 역학파와 많은 면에서 다르다. 예를 들어 전자기파는 진공에서도 이동할 수 있다. 때문에 우주 공간에는 역학파가 존재하지 않지만 전자기파는 흔하다.

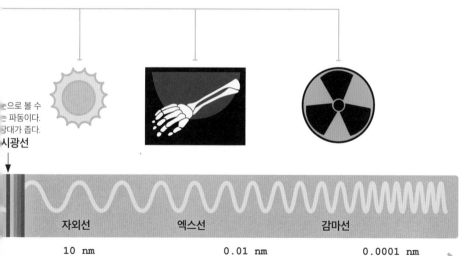

눈으로 볼 수 는 파동이다. 대가 좁다.

시광선

자외선	엑스선	감마선
10 nm	0.01 nm	0.0001 nm

파장이 엑스선보다 길지만, 보리색 가시광선보다는 짧다. 다양한 방식으로 사용할 수 있으나, 일광화상을 유발한다

신체 내부를 촬영하거나 공항 등에서 수화물 검사를 할 때 사용한다.

가장 짧고 강한 파동이다. 방사선 원소와 초신성이 감마선을 내뿜는다.

2.3 가시광선

빛은 우주를 통틀어 가장 빠른 물질이다. 진공 기준으로 초당 30만 킬로미터를 질주한다. 우리가 빛의 속도로 이동할 수 있다면 1초마다 지구를 7.5바퀴 돌 수 있다.

빛은 직선으로 이동한다. 빛이 거울이나 호수처럼 잔잔하고 반짝이는 표면에 부딪히면 반사되어 일정한 각도로 튕겨 나간다. 거울에 얼굴을 비추어 볼 수 있는 이유가 여기에 있다. 카펫이나 아스팔트에는 얼굴이 비치지 않는다. 불균일한 표면이 서로 다른 방향을 향해 빛의 파동이 사방팔방 튕겨 나가기 때문이다. 이를 '산란'이라고 한다.

밀도가 다른 두 개의 투명한 물질 사이를 통과할 때는 빛의 속도가 변한다(예를 들어 공기 중에서 물속으로 들어갈 때). 그리고 속도 변화에는 굴절이 따른다. 광선이 구부러지면서 방향을 바꾼다는 뜻이다. 물속에 있는 다리가 이상하게 보이는 것 역시 굴절 때문이다.

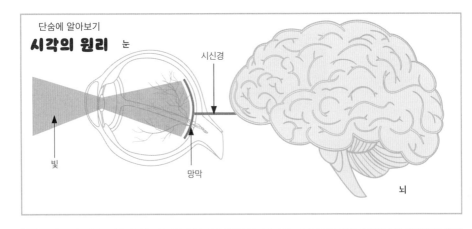

단숨에 알아보기
시각의 원리

눈

시신경

빛

망막

뇌

토막 상식 ● 물체는 빛의 파동을 통과시키는 정도에 따라 세 부류로 나눌 수 있다. 유리처럼 투명한 물체는 광파를 대부분 들여보낸다. 화장지처럼 반투명한 물체는 일부만 통과시키며, 금속처럼 불투명한 물체는 빛을 아예 차단한다.

반사

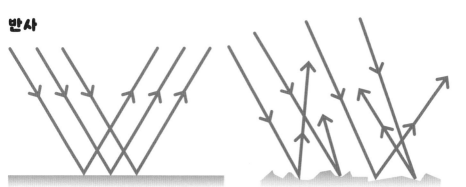

매끄러운 표면에서 반사된 빛은 일정한 방향으로 진행한다.

거친 표면에서 반사된 빛은 여러 방향으로 진행한다.

시각의 원리

물체 표면에서 반사된 빛의 일부는 동공을 통해 눈으로 들어간다. 안구 뒤에는 '망막'이라는 조직이 있다. 망막은 '광수용체'라는 광민감성 세포로 이뤄져 있는데, 이는 빛의 정보를 신경을 통해 뇌로 보내고, 뇌는 받은 정보를 그림으로 변환한다.

어떤 물체가 빛의 경로를 가로막으면 물체 뒤에는 빛이 반사되지 않는 영역이 생긴다. 이렇게 발생한 어두운 영역을 '그림자'라고 한다.

굴절

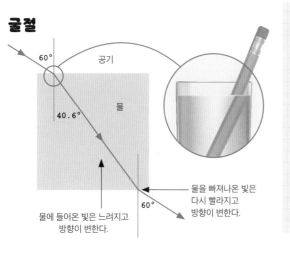

60°
공기
40.6°
물
물에 들어온 빛은 느려지고 방향이 변한다.
물을 빠져나온 빛은 다시 빨라지고 방향이 변한다.
60°

쪽지 시험

1. 빛이 ___와 ___을 바꾸면 굴절이 발생한다.
2. 나무로 만든 문은 투명한가, 반투명한가, 불투명한가?
3. 눈에 있는 광민감성 조직은 무엇일까?
4. 눈에서 뇌로 정보를 전달하는 신경은 무엇일까?

2.4 색

우리 주변에 알록달록한 색깔이 존재하는 이유는 다양한 파장의 빛 때문이다. 인간과 동물이 같은 색을 봐도 다르게 식별하곤 한다. 각 파장의 빛을 어떻게 보느냐는 뇌가 결정하는 문제이기 때문이다.

백색광은 다양한 색의 빛으로 이루어졌으며, 색마다 진동수가 다르다. 빨간색은 진동수가 가장 낮고 파장은 가장 긴 빛이다. 반면 보라색은 진동수는 가장 높고 파장은 가장 짧다. 두 색 사이에는 파장이 긴 빛에서 짧은 빛 순서로 스펙트럼이 나타난다. 빨간색→주황색→노란색→초록색→파란색→남색→보라색, 이 색 배열은 우리가 잘 알고 있는 무지개색과 같다. 무지개는 비가 내린 뒤 공중에 남은 작은 물방울이 햇빛을 굴절시켜 발생한다. 이때 각 파장의 빛은 물방울을 통과하는 동안 속도가 느려지고 방향이 변한다. 빨간빛은 방향이 가장 적게 변하고, 보랏빛은 속도와 방향이 가장 크게 변한다. 이러한 방식으로 빛이 산란하면서 하늘에 무지개를 수놓는다. 이 과정을 '분산'이라고 한다.

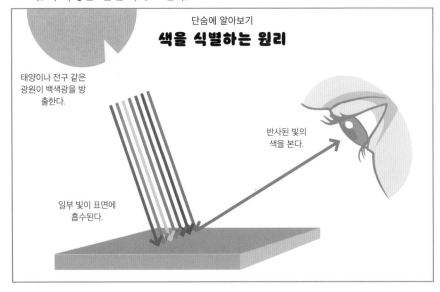

단숨에 알아보기
색을 식별하는 원리

태양이나 전구 같은 광원이 백색광을 방출한다.

반사된 빛의 색을 본다.

일부 빛이 표면에 흡수된다.

무지개 스펙트럼

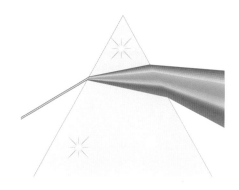

파란색은 왜 파란색으로 보일까?

표면에 닿은 빛은 일부만 흡수되고 나머지는 반사된다. 반사된 빛이 눈에 닿으면 뇌는 그 빛을 특정한 색으로 인식한다. 만약 지금 이 문장이 파란색으로 보인다면, 그것은 글씨가 우리 뇌에서 파란색으로 인식하는 파장의 빛을 제외하고 나머지 모든 빛을 흡수했기 때문이다.

하지만 대다수 물체는 한 가지가 아닌 여러 파장의 빛을 반사한다. 때문에 빛이 섞이면서 앞서 말한 무지개색뿐만 아니라 분홍색, 터키색 등의 다양한 색을 볼 수 있다. 아예 모든 빛을 반사하는 물체는 흰색으로 인식된다. 반대로 모든 빛을 흡수해 어떠한 빛도 눈에 닿지 않는다면, 그 물체는 검은색으로 보인다.

쪽지 시험

1. 파장이 가장 긴 색은 무엇일까?

2. 백색광을 나누고 산란하는 과정을 무엇이라고 부를까?

3. 색을 구별하는 데에 어려움을 겪는 증상은 무엇일까?

4. 모든 파장의 빛을 흡수하는 물체는 ___색으로 보인다.

2.5 엑스선

골절이나 수술 경험이 있는 사람이라면 자신의 뼈 사진을 본 적이 있을 것이다. 전자기파 중 하나인 엑스선은 피부를 통과하는 특성 덕에 뼈 사진을 찍는 데 이용된다. 엑스선을 처음 발견한 과학자도 이러한 괴상한 특징에 큰 충격을 받았다.

1895년, 독일 과학자인 빌헬름 콘라트 뢴트겐Wilhelm Conrad Röntgen은 우연한 계기로 엑스선을 발견했다. 엑스선이라고 이름 붙인 이유는 수학에서 'X'가 미지의 것을 의미하기 때문이다. 뢴트겐은 엑스선을 조사하던 도중, 엑스선을 방출하는 장비 앞에서 손을 움직였고, 화면에 자신의 뼈가 나타나는 것을 목격했다. 엑스선은 파장이 짧아서 근육, 지방, 피부 같은 부드러운 조직을 쉽게 통과한다.

이후 엑스선 장비는 축제나 박람회에 등장하는 오락 기구로 자리 잡았다. 1920년대 신발 가게에서는 엑스선 장비를 이용해 새 신발이 아이에게 잘 맞는지 확인해 주는 서비스를 제공했다. 하지만 당시에는 강한 엑스선에 오랜 시간 노출되면 해롭다는 사실을 몰랐다. 만약 아이들이 엑스선 장비를 활용하는 신발 가게에 자주 방문하거나 한 번 방문할 때마다 여러 켤레를 신어본다면 화상을 입거나 암에 걸릴 확률이 증가한다. 과학자들이 엑스선의 위험성을 알아낸 뒤로는 엑스선 장비를 훨씬 안전하게 만들고, 피부에 보내는 엑스선 강도도 낮추었다.

토막 상식

- 역사학자와 고고학자들은 물체를 부수지 않고 내부를 관찰할 때 엑스선을 활용한다. 석관 속 이집트 미라 연구나 천여 년 전 만들어진 동상에 숨겨져 있던 승려의 시체를 발견한 것도 엑스선 덕분이다.

오늘날의 엑스선

의료인은 환자를 진찰하는 용도로 엑스선을 사용한다. 엑스선 사진에서 엑스선이 통과하는 부위는 검은색 혹은 회색으로 나타난다. 반대로 엑스선이 통과하지 못하는 뼈는 하얀색으로 선명하게 보인다.

공항의 보안 요원도 소지품을 검사할 때 엑스선 촬영 화면을 보면서 위험하거나 불법인 물건이 있는지 확인한다. 엑스선 덕분에 위험을 감수하면서 모든 승객의 가방을 일일이 열어 볼 필요가 없게 됐다.

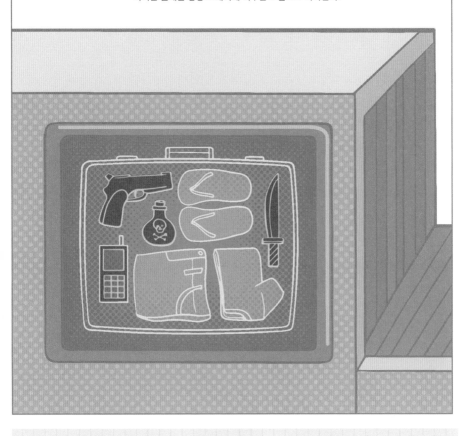

단숨에 알아보기

공항의 엑스선

엑스선은 옷처럼 부드러운 물체는 통과하지만, 단단한 물체는 뚫을 수 없다.
이러한 물체는 공항 스캐너에 어두운 모습으로 나타난다.

쪽지 시험

1. 엑스선은 언제 처음 발견됐을까?

2. 일상에서 강한 엑스선 기계를 사용하면 안 되는
   이유는 무엇일까?

3. 엑스선으로 몸을 촬영했을 때 가장 뚜렷하게 보
   이는 부분은 무엇일까?

4. 고고학자들은 엑스선을 어떻게 활용할까?

|2.6 전파

전자기 스펙트럼에서 파장이 가장 긴 파동은 전파다. 이는 짧으면 약 30센티미터, 길면 수 킬로미터에 달한다. 전파는 라디오를 들을 때만 쓰는 파동이 아니다. 이메일을 보낼 때, 일기예보를 들을 때 등 일상 속 다양한 작업에 사용된다.

전파는 전자기장의 진동으로 이동하는 전자기파의 일종이다. 전파는 곧 암호와도 같다. 메시지를 전파의 형태로 변환한 다음, 공기를 통해 전달하고, 라디오, 텔레비전, 컴퓨터 같은 전기 장치를 통해 다시 정보로 해독한다.

레이더는 Radio Detection And Ranging(전파를 이용한 탐지 및 거리 측정)의 약자다. 레이더의 원리는 반향 위치 측정(돌고래, 박쥐 등이 음파를 통해 물체의 형태나 거리를 측정하는 것)과 비슷하지만, 유효 거리가 훨씬 길다. 방출한 전파가 반사되어 돌아오기까지 걸리는 시간을 측정하면 물체의 위치를 파악할 수 있다. 때문에 레이더는 비행기나 선박을 추적하거나 구름의 동태를 확인하는 데에도 사용된다.

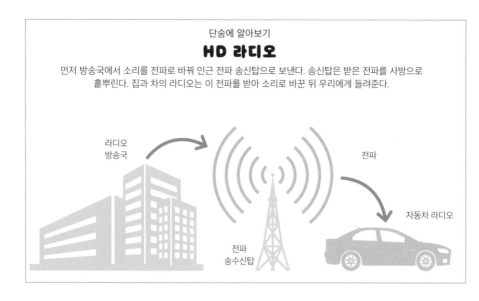

단숨에 알아보기
HD 라디오

먼저 방송국에서 소리를 전파로 바꿔 인근 전파 송신탑으로 보낸다. 송신탑은 받은 전파를 사방으로 흩뿌린다. 집과 차의 라디오는 이 전파를 받아 소리로 바꾼 뒤 우리에게 들려준다.

라디오
방송국

전파

자동차 라디오

전파
송수신탑

인터넷

얼마 전까지만 해도 인터넷에 접속해 다른 사람과 의사소통하려면 반드시 랜선을 연결해야 했다. 지금 우리가 무선 인터넷을 즐길 수 있는 것은 와이파이 덕분이다.

오늘날 무선 인터넷 기기 내부에는 데이터를 전파로 바꾸는 무선 어댑터가 있다. '라우터'라는 장치도 빼놓을 수 없다.

이는 집, 학교, 건물 등 어딘가에 연결되어 있는데 전파를 받아서 데이터로 바꾼 다음, '이더넷'이라는 통신망을 통해 인터넷으로 보내는 역할을 한다.

전파는 파장이 긴 덕에 먼 거리를 이동할 수 있으며, 생물에게 무해하다. 따라서 안전하고 효율적으로 전 세계에 정보를 전달할 수 있다.

전파를 사용한 지 100년도 넘었지만 1930년대에 들어서야 전파가 자연에서도 발생한다는 사실을 알게 됐다. 물리학자 카를 구스 잰스키Karl Guthe Jansky는 라디오 채널을 바꿀 때 잡음이 생기는 이유가 우주에서 날아드는 자연 전파 때문이라는 사실을 밝혀냈다. 이후 천문학자들은 전파 망원경을 이용해 우주의 신호에 귀를 기울였다.

> ### 쪽지 시험
>
> 1. 전파가 멀리 이동할 수 있는 이유는 무엇일까?
> 2. 텔레비전이나 라디오에서 잡음이 들리는 이유는 무엇일까?
> 3. 휴대전화나 컴퓨터에서 데이터를 전파로 바꾸는 부품은 무엇일까?
> 4. 레이너의 의미는 무엇일까?

|2.7 소리

손을 목에 살짝 대고 좋아하는 노래를 불러보자. 진동이 느껴지는가? 세상의 모든 소리는 물체가 진동하면서 발생한다. 진동하는 동안 주변의 공기를 교란하는 식으로 에너지 파동을 보내는 것이 소리의 원리다.

음파는 매질(어떤 파동 또는 물리적 작용을 한 곳에서 다른 곳으로 옮겨 주는 매개물)을 필요로 한다. 매질이 고체, 액체, 기체 중 무엇인지는 상관없다. 하지만 진공 혹은 아주 두꺼운 고체에 도달하면 뚫고 나아가지 못한다. 사실 음파는 생물의 몸에 도달하기 전까지는 별다른 특색이 없는 파동이다. 생물은 특정 기관에서 음파를 가공해 소리의 형태로 바꾸는데, 인간은 이때 귀를 이용한다.

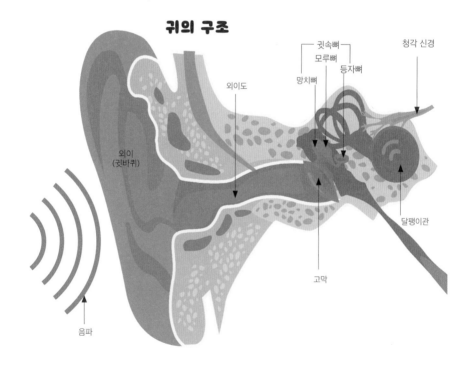

귀의 구조

귓속뼈
모루뼈
청각 신경
망치뼈
등자뼈
외이도
외이
(귓바퀴)
달팽이관
고막
음파

- 지금까지 자연에서 발생한 소리 중 가장 큰 것은 화산이 폭발하는 소음이었다. 1883년 크라카토아(KRAKATOA) 화산이 폭발하는 소리는 거의 5,000킬로미터 떨어진 곳에서도 들을 수 있었다. 당시 근처에 있던 사람들은 누군가 멀리서 총을 쏘고 있다고 생각했다.

청각의 원리

외이는 음파를 외이도로 보낸다. 외이도 끝에는 고막이 있다. 고막은 드럼처럼 팽팽하게 긴장한 얇은 막으로, 파동에 맞아 떨리면서 진동을 귓속뼈라는 세 개의 작은 뼈에 전달한다. 귓속뼈는 에너지를 내이에 있는 달팽이관으로 보낸다. 달팽이관은 에너지를 전기 신호로 바꾸고, 그 신호를 청각 신경을 통해 뇌로 전달한다. 뇌는 신호를 받아 소리로 변환한다.

진폭이 강할수록 소리가 커지며, 오래 진행할수록 약해진다. 멀수록 소리가 작게 들리는 이유가 여기에 있다. 또한 음높이는 진동 속도에 따라 달라지는데, 진동이 빠를수록 소리가 높다. 음파는 광파와 마찬가지로 표면에서 부딪혀 반사되며 이때 희미한 소리(메아리)가 발생할 수 있다.

음높이

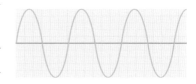

높은음
파동은 파장이 짧을수록 귀를 빠르게 두드린다. 뇌는 이를 높은음으로 인식된다.

낮은음
파동은 파장이 길수록 귀를 느리게 두드린다. 뇌는 이를 낮은음으로 인식된다.

쪽지 시험

1. 인간의 몸에서 음파를 전기 신호로 바꾸는 부위는 어디일까?
2. 외이의 다른 이름은 무엇일까?
3. 소리의 크기에 영향을 미치는 음파의 성질은 무엇일까?
4. 파장이 짧을수록 음높이가 ___.
5. 자연에서 발생한 가장 큰 소음의 원인은 무엇일까?

2.8 초음파와 초저주파

건강한 청년은 20~20,000헤르츠의 진동수를 들을 수 있다. 그러나 진동수가 해당 범위를 벗어나면 전혀 듣지 못한다. 하지만 우리 인간과는 달리 초음파와 초저주파를 들을 수 있는 동물도 있다.

진동수가 20,000헤르츠 이상인 소리를 '초음파'라고 부른다. 사람이 감지할 수 없을 정도로 높기 때문이다. 하지만 귀가 예민한 동물은 초음파를 들을 수 있다. 개, 고양이, 쥐, 돌고래, 갈라고, 박쥐가 여기에 해당한다.

박쥐는 초음파를 이용하는 것으로 유명하다. 이들은 시력이 상당히 나쁜 탓에 음파에 의존해 방향을 찾고 먹이를 사냥한다. 박쥐는 비행하는 동안 초음파를 낸다. 표면에 반사되어 돌아오는 파동을 듣고, 메아리가 돌아오기까지 걸린 시간을 계산해 물체가 얼마나 멀리 떨어져 있는지 감지하기 위해서다. 반향 위치 측정(40쪽 참고)이라고도 하는 기술인데, 덕분에 빠르게 날면서도 애먼 곳에 부딪히는 일이 없다.

토막 상식 • 초음파 장비는 사람뿐만이 아니라 동물에게도 활용한다. 수의사는 초음파 장비로 동물 환자의 몸 내부를 확인한다.

초음파 스캔

우리는 초음파를 직접 듣진 못하지만 다양하게 활용한다. 선박에서 바다 밑바닥으로 초음파를 쏜 다음, 메아리가 돌아오는 시간을 계산하면 수심을 알 수 있다. 의사는 초음파 장비로 태아의 건강을 살핀다. '트랜스듀서'라는 장비를 통해 피부와 자궁을 지나 아기에게 맞고 반사되어 돌아온 초음파를 영상으로 바꾸어 관찰하는 식이다.

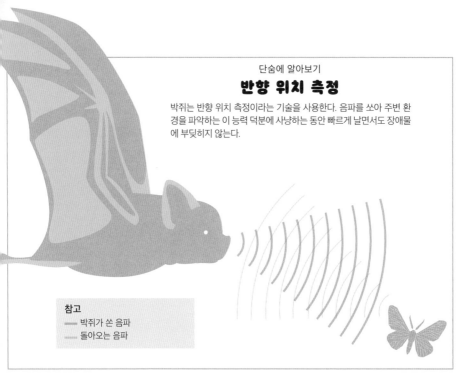

단숨에 알아보기
반향 위치 측정

박쥐는 반향 위치 측정이라는 기술을 사용한다. 음파를 쏘아 주변 환경을 파악하는 이 능력 덕분에 사냥하는 동안 빠르게 날면서도 장애물에 부딪히지 않는다.

참고
— 박쥐가 쏜 음파
— 돌아오는 음파

초저주파

진동수가 20헤르츠보다 낮은 소리를 초저주파라고 한다. 이는 너무 낮아서 사람은 들을 수 없다. 초저주파는 파장이 길어서 멀리까지 갈 수 있다. 코끼리, 고래, 하마, 기린 같은 동물은 초저주파를 이용해 수 킬로미터 떨어진 곳에 있는 동료와 의사소통한다.

쪽지 시험

1. 초음파를 들을 수 있는 동물 두 종을 말해보자.
2. 박쥐가 반향 위치 측정하는 동안 듣는 것은 무엇일까?
3. 의사가 임산부를 진찰할 때 초음파를 이용하는 이유는 무엇일까?
4. 선박에서 초음파 장비로 수행하는 작업은 무엇일까?
5. 초저주파는 몇 헤르츠 미만의 파동일까?

파동

1. 파동의 핵심 성질이 아닌 것은 무엇일까?

A. 진폭

B. 진동수

C. 배율

D. 파장

2. 진공에서 빛의 속도는 몇 킬로미터일까?

A. 시속 4,000킬로미터

B. 초속 30만 킬로미터

C. 분속 83만 킬로미터

D. 초속 2만 킬로미터

3. 박쥐가 비행하는 동안 사용하는 파동은 무엇일까?

A. 초저주파

B. 자외선

C. 적외선

D. 초음파

4. 음파의 상위개념은 무엇일까?

A. 역학파

B. 표면파

C. 전자기파

D. 쪽파

5. 모든 파장의 빛을 반사하는 물체는 어떤 색으로 보일까?

A. 빨간색

B. 검은색

C. 보라색

D. 하얀색

6. 역학파의 매질로 적절한 것은 무엇일까?

A. 우주 공간

B. 공기

C. 전기장

D. 진공

7. 전기 장치에서 데이터를 전파로 바꾸는 부품은 무엇일까?

A. 무선 어댑터

B. 이더넷 케이블

C. 인터넷

D. 라우터

8. 공항에서 엑스선을 활용하는 방법은 무엇일까?

A. 비행기 위치 추적

B. 수화물 검사

C. 메시지 전송

D. 탑승권 스캔

9. 파장이 가장 긴 전자기파는 무엇일까?

A. 감마선

B. 마이크로파

C. 전파

D. 엑스선

10. 파동의 골이란 무엇일까?

A. 평형점 기준으로 가장 낮은 부분

B. 완전한 파동 하나의 길이

C. 평형점 기준으로 가장 높은 부분

D. 장이나 입자의 진동 전 위치

※ 정답은 210쪽에서 확인할 수 있어요.

2장

간단 요약

파동은 공간과 물질을 통해 이동하면서 에너지를 한 장소에서 다른 장소로 전달하는 교란(진동) 현상이다.

- 파동은 역학파와 전자기파로 구분한다.
- 파동의 핵심 성질 다섯 가지는 진폭, 파장, 진동수, 주기, 속도다.
- 전자기파는 물이나 공기 같은 매질 없이도 빠르게 진행하는 파동이다. 심지어는 진공에서도 나아갈 수 있다.
- 빛은 우주를 통틀어 가장 빠르다. 진공 기준으로 초당 30만 킬로미터를 질주한다.
- 인간과 동물은 색을 다르게 식별한다. 각 파장의 빛을 어떻게 보느냐는 뇌가 결정하는 문제다.
- 엑스선 사진에서 엑스선이 통과하는 부드러운 부위는 검은색 혹은 회색으로 나타난다. 반대로 엑스선이 통과하지 못하는 뼈는 하얀색으로 선명하게 보인다.
- 전파는 전자기장의 진동으로 이동하는 전자기파다.
- 소리는 물체가 진동하는 속도에 따라 음높이가 달라진다. 진동이 빠를수록 소리가 높다.
- 박쥐는 '반향 위치 측정'이라는 기술을 사용한다. 음파를 쏘아 주변 환경을 파악하는 능력 덕분에 사냥하는 동안 빠르게 날면서도 장애물에 부딪히지 않는다.

우주

밤하늘을 관찰하며 우주 공간에 호기심을 품은 적이 있는가? 우리 눈에 보이는 우주
는 극히 일부에 불과하다. 우주에는 우주 암석과 불타는 가스 구체를 포함해 우리가
아직 이해할 수 없는 존재로 가득하다. 지구는 광활한 우주를 떠도는 작은 티끌에 불
과하다.

이번 장에서 배우는 것

우주와 은하	태양계
혜성	지구의 공전
소행성	낮과 밤
유성	달
별	우주 활동

|3.1 우주와 은하

지구부터 아주 먼 곳에 있는 존재까지, 만물은 우주의 일부다. 우주가 있기 전에는 공간, 물질, 시간이 없었다. 140억 년 전, 대폭발이 발생하면서 우주를 이루는 데 필요한 에너지와 물질이 생겼다.

우주의 정확한 크기는 아무도 모른다. 대폭발 이후 엄청난 속도로 팽창한 데다 가장자리가 어디인지 확인할 만큼 성능 좋은 장비도 없기 때문이다. 사실 끝이 있다고 확신할 수도 없다. 어쨌든 전문가들은 관측과 계산을 통해 우주의 지름이 수십억 광년에 달한다는 결론을 내렸다. 1광년이란 빛이 진공 상태에서 1년 동안 나아갈 수 있는 거리로, 약 9조 5,000억 킬로미터. 우주에는 수십억 개에 달하는 은하가 있고, 은하마다 별, 행성 등의 각종 우주 물체가 수백만 개씩 존재한다. 그리고 은하와 은하 사이에는 먼지와 소수의 원자가 방랑하는 아주 넓은 공간이 있다.

대폭발

대폭발 이후 우주가 팽창하고, 에너지에서 입자가 생겼다. 일부 입자는 양성자와 중성자를 형성했다. 38만 년이 지나 우주가 충분히 식으면서 원자가 모습을 드러냈다. 대폭발 3억 년 뒤에는 중력의 영향으로 가스 구름에서 별이 태어났다. 또 2억 년 뒤에는 별이 군집하면서 회전하는 은하를 이루었다.

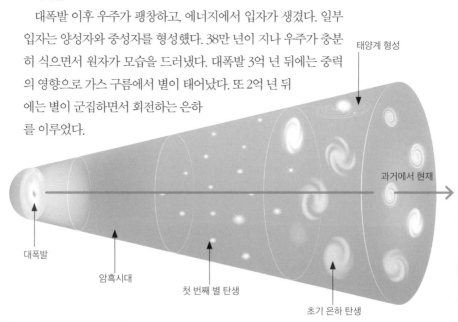

태양계 형성

과거에서 현재

대폭발

암흑시대

첫 번째 별 탄생

초기 은하 탄생

• 현대 장비로 탐지할 수 없는 물질을 '암흑 물질'이라고 한다. 우주 물질의 약 85퍼센트는 암흑 물질로 추정된다. 암흑 물질을 볼 수 없음에도 불구하고 그 것이 반드시 있다고 확신하는 이유는 암흑 물질이 가시 물질의 움직임에 영향을 주기 때문이다. 이러한 현상은 암흑 물질이 없다면 설명되지 않는다.

은하의 유형

은하는 형태에 따라 다음과 같이 분류된다.

- **타원은하**: 별과 여러 물체가 타원형으로 모인 은하.
- **나선은하**: 중심에서 기다란 '나선팔'이 뻗은 은하.
- **막대나선은하**: 막대 모양으로 뭉친 별의 중심에서 나선 팔이 뻗은 은하.
- **불규칙은하**: 다른 유형으로 구분할 수 없는 불규칙한 형 태의 은하.

지구가 속한 우리은하는 나선은하로, 약 30개의 다른 은하와 함께 국부 은하군을 이룬다. 우리은하 에는 별이 약 2,500억 개 정도 있다. 우리은하의 지름 은 약 10만 광년으로, 이에 비하면 지구는 아주 작다.

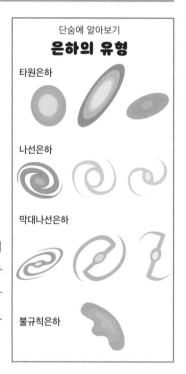

단숨에 알아보기

은하의 유형

타원은하

나선은하

막대나선은하

불규칙은하

쪽지 시험

1. 우리은하는 어떤 유형의 은하일까?
2. 우주 탄생의 계기로 추정하는 것은 무엇일까?
3. 첫 번째 원자가 나타난 것은 언제일까?
4. 우리 은하의 지름은 얼마일까?
5. 9조 5,000억 킬로미터는 몇 광년일까?

|3.2 혜성, 소행성, 유성

지구가 처음 만들어진 시기로 돌아가 보자. 지구는 혜성이나 소행성 같은 우주 암석 덕분에 지금과 같은 모습이 될 수 있었다. 차갑게 처음으로 식은 지구에 에너지를 가해 녹여주었기 때문이다. 심지어 혜성은 지구에 물을 가져다주기도 했다.

지구 대기 밖을 떠다니는 모든 물체를 '천체'라고 부른다. 큰 천체는 보통 행성이라고 한다. 작은 천체에는 혜성, 소행성, 유성체 등이 있다.

혜성

혜성은 얼음, 암석, 흙, 먼지가 뭉친 불규칙한 형태의 덩어리이며, 태양을 공전한다. 지름이 수 킬로미터에 달하는데, 다른 우주 암석에 비하면 작은 편이다. 혜성이 태양에 가까워지면 얼음이 열을 받아 가스로 변한다. 이 가스는 혜성 주변에 빛나는 대기를 형성하며, 이를 '코마'라고 한다. 나머지 가스는 먼지와 섞이면서 꼬리를 드리운다. 혜성은 태양 공전 양상에 따라 두 가지로 분류된다. 한 번 공전하는 데 200년이 채 걸리지 않는 혜성을 단주기 혜성, 수천 년이 걸리는 혜성은 장주기 혜성이라고 한다. 핼리 혜성은 지구에서 관찰할 수 있는 단주기 혜성으로, 75~76년마다 나타난다.

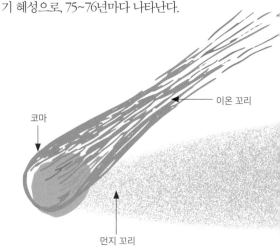

코마

이온 꼬리

먼지 꼬리

토막 상식

• 지구에 수백만 킬로미터 이상 접근하는 물체가 나타나면 유심히 관찰해야 한다. 중력의 영향으로 궤도가 변하면서 지구와 충돌할 수도 있기 때문이다. 물론 일반인인 우리가 겁먹을 필요는 없다. 지름 1킬로미터짜리 소행성이 지구와 충돌하는 일은 평균적으로 50만 년에 한 번 정도 일어난다.

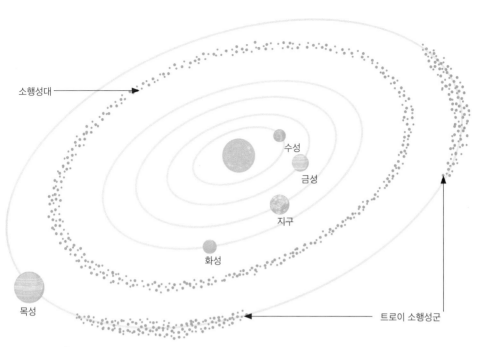

소행성대

수성

금성

지구

화성

목성

트로이 소행성군

소행성

소행성은 약 46억 년 전 태양계가 생겼을 때 함께 나타난 오래된 암석 조각이다. 수백만 개의 소행성이 태양을 공전한다. 대부분은 화성과 목성 사이에 위치한 소행성대에 있다.

유성

유성체는 소행성이나 혜성에서 떨어져 나온 암석 조각이다. 지구의 중력은 주변 유성체를 끌어당기는데, 이로 인해 지구 대기에 진입한 유성체를 '유성'이라고 부른다. 대기를 지나는 유성은 열 때문에 타오른다. 밝게 빛나면서 하늘을 가로지르는 유성을 우리는 '별똥별'이라고 부른다. 일부 유성은 완전히 파괴되지 않고 지구에 떨어신나. 이러한 유성도 식으면 평범한 돌처럼 생겼다.

쪽지 시험

1. 혜성이 뜨거워질 때 나타나는 가스층은 무엇일까?
2. 단주기 혜성의 공전 주기는 __년 미만이다.
3. 유성이 운석으로 변할 때는 언제일까?
4. 태양계 소행성은 대부분 __과 __ 사이에 있다

|3.3 별

청명한 날 밤하늘에는 수없이 많은 별이 쏟아진다. 우주에는 최소 10해 개의 별이 존재한다. 이는 지구의 모래알보다도 많다. 눈으로 보기에는 별들이 상당히 작게 느껴지지만 수 광년이나 떨어져 있어 그렇게 보일 뿐이다.

별에 가까이 가면 별의 정체가 뜨거운 가스로 가득한 거대 구체라는 사실을 알 수 있다. 별의 중심부에서는 헬륨과 수소가 맹렬하게 연소하며 빛과 열을 내뿜고 있다.

토막 상식 • 블랙홀은 중력이 유난히 강한 곳이다. 블랙홀에 가까이 접근한 물체는 전부 빨려 들어가면서 파괴된다. 다행히 지구에서 가장 가까운 블랙홀은 3,000광년 떨어진 곳에 있다.

별의 종류

- **왜성**: 다른 별보다 작으며 그다지 밝지 않다. 빨간색, 노란색, 하얀색, 갈색 등 다양한 색을 띤다. 대부분 별은 중년의 왜성이다.
- **거성**: 시간이 흐르며 별이 성장하면 밝게 빛나는 거성으로 변한다. 태양계보다 큰 초거성으로 변하기도 한다. 온도가 낮은 편에 속하는 거성은 빨간색, 온도가 높은 거성은 파란색이다.
- **중성자별**: 지름이 30킬로미터에 불과한 작은 별이다. 대신 밀도가 상당히 높다. 붕괴한 거성의 잔해다.

지구에서 가장 가까운 별은 약 46억 살인 황색 왜성 태양이다. 지구는 태양과 평균 1억 5,000만 킬로미터 떨어져서 공전한다. 태양이 방출한 빛은 약 8분 만에 지구에 도달해 생명체가 살 수 있는 환경을 조성한다. 태양 다음으로 지구에서 가까운 별은 약 4.2광년 떨어진 프록시마 켄타우리(Proxima Centauri)다.

별의 삶

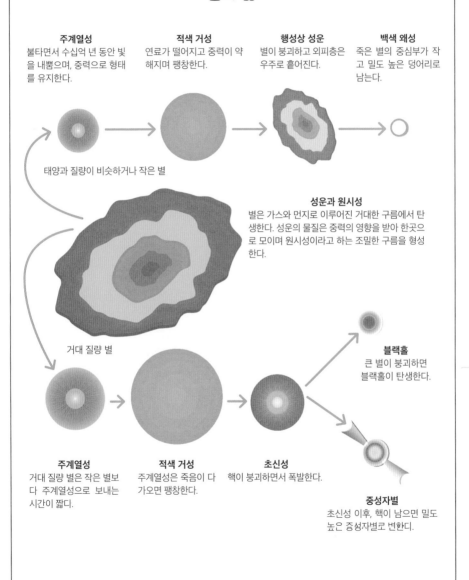

주계열성
불타면서 수십억 년 동안 빛을 내뿜으며, 중력으로 형태를 유지한다.

적색 거성
연료가 떨어지고 중력이 약해지며 팽창한다.

행성상 성운
별이 붕괴하고 외피층은 우주로 흩어진다.

백색 왜성
죽은 별의 중심부가 작고 밀도 높은 덩어리로 남는다.

태양과 질량이 비슷하거나 작은 별

성운과 원시성
별은 가스와 먼지로 이루어진 거대한 구름에서 탄생한다. 성운의 물질은 중력의 영향을 받아 한곳으로 모이며 원시성이라고 하는 조밀한 구름을 형성한다.

거대 질량 별

블랙홀
큰 별이 붕괴하면 블랙홀이 탄생한다.

주계열성
거대 질량 별은 작은 별보다 주계열성으로 보내는 시간이 짧다.

적색 거성
주계열성은 죽음이 다가오면 팽창한다.

초신성
핵이 붕괴하면서 폭발한다.

중성자별
초신성 이후, 핵이 남으면 밀도 높은 중성자별로 변한다.

|3.4 태양계

우주에는 수십억 개의 별이 있지만, 인류에게 태양만큼 소중한 별은 없다. 태양계 정중앙에는 태양이 위치한다. 그 주위에는 여덟 개의 행성과 여러 우주 물체가 공전한다.

태양계 질량에서 태양의 비중은 99퍼센트가 넘는다. 태양계의 행성들이 서로 충돌하거나 궤도를 이탈하지 않고 공전할 수 있는 이유는 태양의 중력 때문이다. 태양에 가깝고 표면이 단단한 암석 재질의 행성 네 개를 '지구형 행성'이라고 하며, 당연하게도 지구는 여기에 속한다. 지구형 행성보다 훨씬 크고 표면이 소용돌이치는 가스로 이루어진 행성 네 개를 '목성형 행성'이라고 한다.

태양계 행성

  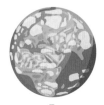

금성
태양과의 평균 거리: 1억 800만 킬로미터
특징: 두꺼운 대기층, 산성 구름
온도: 462도로 일정함

화성
태양과의 평균 거리: 2억 2,900만 킬로미
특징: 먼지 폭풍, 사막, 두 개의 위성
온도: -153도~20도

수성
태양과의 평균 거리: 5,600만 킬로미터
특징: 대기 없음
온도: -173도~427도

지구
태양과의 평균 거리: 1억 5,000만 킬로미터
특징: 물, 생명체, 한 개의 위성(달)
온도: -88도~58도

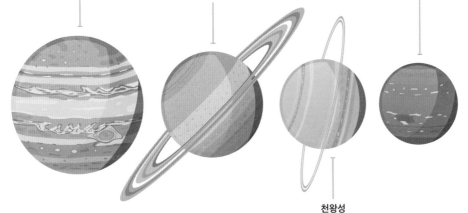

해왕성
태양과의 평균 거리: 45억 킬로미터
특징: 두꺼운 대기, 14개의 위성,
태양계에서 풍속이 가장 빠름
온도: 평균적으로 -214도

목성
태양과의 평균 거리: 7억 7,900만 킬로미터
특징: 대형 폭풍, 구름, 현재까지 알아낸 위성
9개
온도: -145도

토성
태양과의 평균 거리: 15억 킬로미터
특징: 얼음, 암석, 먼지로 이루어진 거대한 고리
현재까지 알아낸 위성 82개
온도: -178도

천왕성
태양과의 평균 거리: 29억 킬로미터
특징: 독특한 계절, 27개의 위성
구름 평균 온도: 평균적으로 -224도

쪽지 시험

1. 해왕성은 지구형 행성 or 목성형 행성이다.

2. 태양계에서 가장 온도가 낮은 행성은 무엇일까?

3. 태양계 행성 중 대기가 없는 행성은 무엇일까?

4. 태양에서 토성까지 거리는 얼마일까?

|3.5 지구의 공전

고대 그리스인은 지구가 태양계의 중심이며, 모든 물체가 지구를 중심으로 움직인다고 믿었다. 하지만 오늘날에는 지구가 태양을 돈다는 사실이 명백하다. 계절과 생일이 있는 이유도 지구가 공전하기 때문이다.

지구가 태양 주변을 도는 길, 즉 공전 궤도는 완벽한 원이 아니라 타원이다. 지구는 시속 약 10만 8,000킬로미터로 태양을 돈다. 고속도로에서 달리는 차보다 1,000배 더 빠른 셈이다. 하지만 지구가 언제나 같은 속도로 공전하지는 않는다. 타원형 궤도의 양극단으로 갈수록 빨라지고, 태양에 가까이 붙을수록 느려진다.

 토막 상식

• 달력에는 1년이 365일이라고 표시되어 있지만, 지구가 완전히 공전하려면 365일 하고도 5시간 48분 45초가 더 걸린다. 이로 인해 생기는 계절과 날짜 사이의 오차를 없애기 위해 4년마다 윤년을 둔다. 2월 29일이 4년에 한 번 돌아오는 것은 이 때문이다.

단숨에 알아보기

초기의 태양계

고대 과학자들은 지구가 태양계의 중심이라고 착각했다. 오늘날 천동설이라고 부르는 관점이다. 지금은 여러 행성이 태양을 중심으로 도는 지동설이 정설이다.

천동설

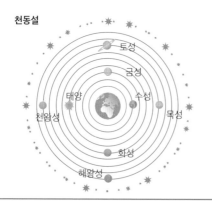

지동설

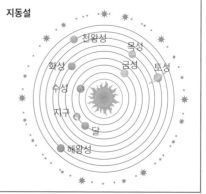

북반구의 계절

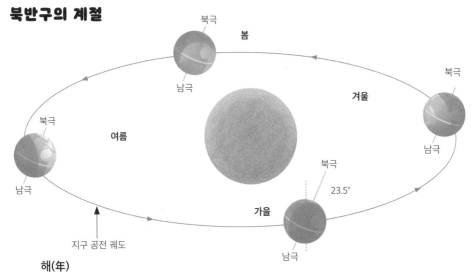

북극 · 봄 · 남극 · 겨울 · 북극 · 남극 · 북극 · 여름 · 남극 · 북극 · 23.5° · 가을 · 지구 공전 궤도 · 남극

해(年)

지구가 엄청나게 빠르게 움직이는 데도 불구하고 태양을 한 바퀴 돌려면 365일이나 걸린다. 지구에서 1년에 해당하는 시간이다. 당신의 생일마다 지구는 당신이 태어났을 때와 같은 지점에 있다. 다른 행성에서는 1년의 길이가 지구와 다르다. 공전하는 속도는 물론이고 궤도 역시 천차만별이기 때문이다. 태양에서 가장 가까운 수성은 공전하는 데 87일밖에 걸리지 않는다. 반면 목성의 1년은 지구의 12년이다.

계절

지구는 자전축을 기준으로 자전한다. 이 자전축은 공전 궤도와 직선으로 만나지 않는다. 다시 말해, 태양 주변을 팽이나 바퀴처럼 도는 대신, 23.5도로 기울어진 상태로 공전한다. 태양 반대쪽으로 기울어진 지역은 열을 적게 받으며 겨울을 맞는다. 같은 시간, 태양을 향해 기울어진 지역에는 여름이 찾아온다. 이처럼 극에 가까울수록 춥고, 태양을 향해 기울어진 정도가 일정한 적도 주변은 계절이 달라져도 온도가 크게 변하지 않는다.

쪽지 시험

1. 지구 공전 궤도는 어떤 형태일까?
2. 지구에서 태양 반대편으로 기울어진 지역은 어떤 계절일까?
3. 지구의 자전축 각도는 몇 도일까?
4. 지구의 공전 속도는 시속 ___킬로미터이다

|3.6 낮과 밤

지구는 태양을 공전하는 동시에 자전한다. 한 번 자전하는 데 걸리는 시간을 하루라고 하며, 지구의 하루는 24시간이다. 행성마다 1년의 길이가 다르듯, 하루의 길이 역시 다르다. 금성의 하루는 5,832시간이다.

우리 눈에는 태양이 아침마다 떠올라서 하늘을 가로지르다가 밤에는 완전히 사라지는 것처럼 보인다. 고대에는 신이 매일 태양을 끌고 하늘을 질주한다고 믿었다. 하지만 알다시피 움직이는 쪽은 우리다. 지구는 서쪽에서 동쪽으로 자전한다. 때문에 태양이 동쪽에서 떠올라 서쪽으로 지는 것처럼 보인다.

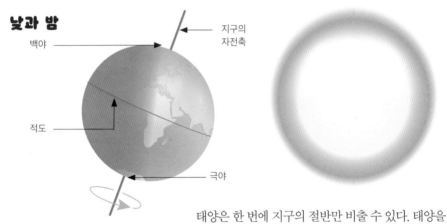

낮과 밤

백야

지구의
자전축

적도

극야

토막 상식

기울어진 자전축으로 인해 극지방은 낮 혹은 밤이 6개월씩 이어진다. 때문에 이 지역에 사는 시민들은 시계 없이 밤낮을 알기 어렵다.

태양은 한 번에 지구의 절반만 비출 수 있다. 태양을 향하는 지역은 열과 빛을 받지만, 그렇지 않은 지역은 그늘에 덮인다. 이것이 낮과 밤이 생기는 이유다.

또한 자전하는 동안 태양을 바라보는 지역이 달라지므로 나라마다 해가 뜨고 지는 시간이 다르다. 따라서 각 나라의 시간과 밤낮을 맞추기 위해 24개의 표준시간대를 만들었다. 런던이 정오일 때 뉴욕은 오전 7시다. 영토가 넓은 나라는 시간대를 여러 개 적용한다.

하루와 계절

적도에 살지 않는 이상 시간이 지나면서 낮과 밤의 길이가 달라지는 현상을 몸소 느낄 수 있다. 여름에는 해가 늦게 지고, 겨울에는 빨리 진다. 해가 움직이는 경로 역시 달라진다. 태양을 향해 기울어진 지역에는 여름이 찾아온다. 여름에는 해가 더 높게 뜨는데, 이는 지구의 자전축이 태양을 향해 기울어졌기 때문이다. 당연히 이때는 하루 중 해가 떠 있는 시간도 길다. 반대로 태양 반대쪽으로 기울어져 있는 지역은 겨울을 맞는다.

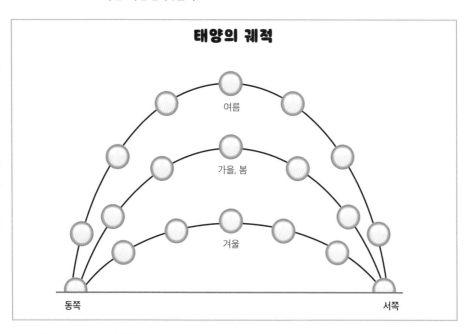

태양의 궤적

여름

가을, 봄

겨울

동쪽   서쪽

쪽지 시험

1. 지구의 자전 방향은 ____에서 ____이다.

2. 사계절 중 낮이 가장 긴 계절은 ____이다.

3. 표준시간대는 총 ____개로 나뉘어 있다.

4. 반년 동안 밤이 이어지는 곳은 어디일까?

|3.7 달

과학자들은 지구가 만들어진지 얼마 되지 않아 덜 굳은 암석 덩어리와 충돌하면서 파편이 떨어져 나갔고, 그 파편이 달이 되었다고 주장한다. 이 때문에 달은 자유롭게 유랑하지 못하고 지구의 중력에 붙들려 위성이 되었다.

달은 지구 4분의 1만 한 암석 덩어리다. 스스로 빛을 내지는 않지만 태양 빛을 반사하므로 눈에 보인다. 달 역시 공전하면서 자전하며, 그 주기는 27일로 지구와 같다. 따라서 우리는 언제나 달의 같은 면밖에 보지 못한다. 달의 뒷면은 항상 어둠 속에 있다.

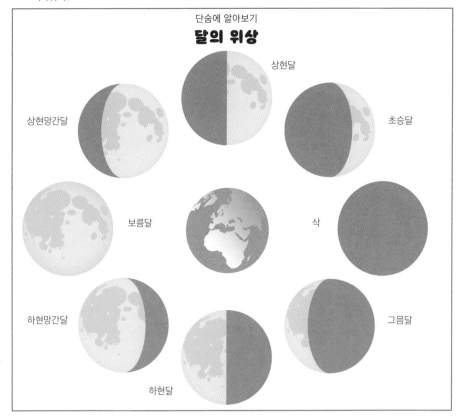

단숨에 알아보기
달의 위상

상현달

초승달

상현망간달

보름달

삭

하현망간달

그믐달

하현달

사리

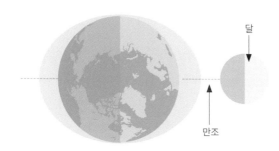

달

만조

우리 눈에는 달이 매일 밤 모습을 바꾸는 것처럼 보인다. 사실 달의 모양이 바뀌는 건 지구가 달과 태양 사이에서 그림자를 드리우기 때문이다. 따라서 이때 달은 빛을 일부만 반사할 수 있다. 달은 여덟 단계의 형상 변화를 거치는데 이 변화를 '위상'이라 하며, 여덟 단계를 한 바퀴 도는 데 걸리는 시간을 '태음월' 혹은 '삭망월'이라고 한다. 우리가 쓰는 달력에는 한 달이 28~31일이지만, 음력으로는 모든 달이 29.5일이다. 달이 지구를 완전히 도는 데는 약 27일이 걸리지만(항성월), 지구 역시 공전하고 자전하므로 위상을 전부 보려면 더 오랜 시간이 걸린다.

조석

달의 중력은 지구에서 달과 가까운 쪽에 있는 물을 끌어당겨 튀어나오게 만든다. 이러한 달의 힘을 '기조력'이라고 하는데, 만조(밀물이 가장 높은 해면까지 꽉 차게 들어오는 현상)의 발생 원인이 여기에 있다. 지구가 자전하면서 달이 가하는 중력이 약해지면 물이 다시 내려가며 간조(바다에서 조수가 빠져나가 해수면이 가장 낮아진 상태)가 발생한다.

쪽지 시험

1. 달은 스스로 빛을 내지 않는데도 불구하고 우리 눈에 보이는 이유는 무엇일까?

2. 달과 가까운 쪽의 바다에서 일어나는 현상은 만조 or 간조이다.

3. 달의 위상은 몇 개일까?

4. 달의 뒷면을 볼 수 없는 이유는 무엇일까?

|3.8 우주 활동

인간은 200만 년 동안 매일같이 하늘을 올려다 보았지만, 우주에 진출한 것은 채 100년도 되지 않았다. 수십 년이 지난 지금, 우리의 관심은 가장 가까운 이웃 행성으로 쏠렸다.

  1961년은 인간이 처음으로 우주에 진출한 해다. 러시아 우주비행사 유리 알렉세예비치 가가린Yuri Alekseevich Gagarin은 로켓을 타고 우주에 나가서 지구를 한 바퀴 돌았다. 미국과 소비에트 연방(러시아, 조지아, 우크라이나 등)은 사람을 우주로 보낸 최초의 나라가 되기 위해 오랫동안 경쟁했다. 이를 '우주개발경쟁'이라고 부르는데, 가가린이 소비에트 연방에 승리를 안겨주었다.

  하지만 가가린의 활약에도 불구하고 우주개발경쟁은 끝나지 않았다. 두 나라는 달을 다음 목표로 삼았다. 1969년, 아폴로 11호가 달에 착륙했고, 우주비행사인 닐 암스트롱Neil Armstrong과 버즈 올드린Buzz Aldrin이 인류 최초로 달에 걸음을 내디뎠다.

로켓의 원리
뉴턴의 운동 법칙 중 제3법칙에 따르면, 작용마다 크기는 같고 방향은 반대인 반작용이 존재한다. 로켓 엔진이 가스를 빠르게 뿜으면, 로켓은 같은 힘으로 하늘을 향해 올라간다.

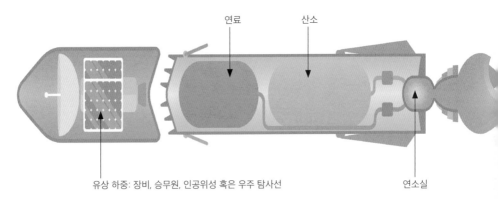

연료

산소

유상 하중: 장비, 승무원, 인공위성 혹은 우주 탐사선

연소실

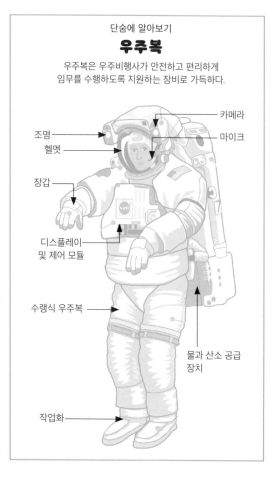

단숨에 알아보기

우주복

우주복은 우주비행사가 안전하고 편리하게
임무를 수행하도록 지원하는 장비로 가득하다.

카메라

마이크

조명

헬멧

장갑

디스플레이
및 제어 모듈

수랭식 우주복

물과 산소 공급
장치

작업화

현대의 우주 여행

유리 가가린의 지구 공전 이
후, 500명도 넘는 사람이 우주
에 다녀왔다. 1998년 다섯 국가
가 힘을 합쳐 지구를 하루에
15.5번 돌고, 크기는 축구 경기
장만 한 국제우주정거장(ISS)을
발사했다. 19개국에서 200명 이상이 이 국제우주정거장을 방문했으며, 일부는 이
곳에 거의 1년 가까이 머물렀다.

우주국의 야심은 점점 커지고 있다. 화성에 무인 탐사정을 착륙시켜서 정보를 수
집하는 작전은 이미 성공했다. 이제는 우주비행사를 보낼 계획을 세우는 중이며, 일
부는 인간이 화성에 이주할 수 있으리라 예상한다!

우주

1. 1광년이란 무엇을 뜻할까?
  A. 빛이 공기에서 1년간 진행하
    는 거리
  B. 지구가 일 년 동안 받는 빛
  C. 빛이 진공에서 1년간 진행하
    는 거리
  D. 하루가 더 긴 해

**2. 태양은 별의 종류 중 어떤 것에
속할까?**
  A. 백색 왜성
  B. 적색 거성
  C 중성자별
  D. 황색 왜성

3. 계절이 생기는 이유는 무엇일까?
  A. 태양이 가끔 더 밝게 빛날 때
    가 있어서
  B. 지구가 기울어져서
  C. 달이 태양을 가려서
  D. 지구가 자전해서

**3. 지구에 떨어지는 유성의 정체는
무엇일까?**
  A. 유성체

  B. 소행성
  C. 혜성
  D. 운석

**4. 조석에 가장 큰 영향을 미치는 요
소는 무엇일까?**
  A. 달의 중력
  B. 지구의 자전
  C. 태양의 중력
  D. 지구의 공전

**6. 지구 기준으로 태양은 어느 방향
에서 뜰까?**
  A. 북쪽
  B. 남쪽
  C. 동쪽
  D. 서쪽

**7. 인류가 처음으로 달에 발자국을
남긴 해는 언제일까?**
  A. 1969
  B. 1912
  C. 2004
  D. 1998

8. 우주는 몇 살일까?
  A. 약 1,600만 년
  B. 약 140억 년
  C. 약 180조 년
  D. 약 1,900만 년 전

**9. 이 중 고리가 뚜렷한 행성은 무
엇일까?**
  A. 토성
  B. 금성
  C. 수성
  D. 화성

10. 달의 위상은 몇 가지일까?
  A. 10개
  B. 6개
  C. 12개
  D. 8개

※ 정답은 210쪽에서 확인할 수 있어요.

3장

간단 요약

우리가 사는 행성인 지구부터 관측할 수 없을 정도로 먼 곳에 있는 존재까지, 만물은 우주의 일부다.

- 우주는 대폭발 이후 빠르게 팽창했다.
- 우주에는 수십억 개에 달하는 은하가 있다. 은하마다 수백만 개의 별, 행성, 각종 우주 물체가 존재한다.
- 지구가 속한 우리은하는 나선은하로, 약 30개의 다른 은하와 함께 국부 은하군을 이룬다.
- 행성, 혜성, 소행성, 유성체는 지구의 대기 밖을 떠돈다.
- 우주에는 최소 10해 개의 별이 존재한다. 이는 지구의 모래알보다 많은 수다.
- 태양만큼 인류에게 소중한 별은 없다. 태양은 태양계 정중앙에서 자리를 지킨다. 여덟 개의 행성과 여러 우주 물체가 태양을 공전한다.
- 지구는 엄청나게 빠르게 움직이지만, 태양을 한 바퀴 돌려면 365일이나 걸린다.
- 지구는 자전하는 동안 태양을 바라보는 지역이 달라진다.
- 달은 여덟 단계의 형상 변화를 거친다. 이를 위상이라고 하며, 여덟 단계를 한 바퀴 도는 시간을 '태음월'이라고 한다.
- 1961년, 유리 가가린이 인류 최초로 우주에 진출했다.
- 국제우주정거장(ISS)은 크기가 축구 경기장만 하며, 하루에 지구를 15.5번 돈다

4

지구과학

산, 절벽, 암석, 호수는 시간이 흘러도 전혀 변하지 않는 것처럼 보인다. 하지만 지구는 변화를 멈춘 적이 없다. 이제 지구의 한 꺼풀 아래를 들출 시간이다. 암석 생성 과정, 화산이 폭발하는 이유, 대륙이 움직이는 원리를 알아보자.

이번 장에서 배우는 것

지구의 형성

지구의 대기

지구조론

화산과 지진

암석과 광물

풍화

물의 순환

날씨와 기후

4.1 지구의 형성

지금 지구가 있는 곳은 원래 공허한 공간이었다. 그러나 수십억 년에 걸쳐 여러 가지 사건이 벌어진 덕분에 우리의 고향이 탄생할 수 있었다.

지구의 시작은 46억 년 전으로 거슬러 올라간다. 당시 우주 전역에는 가스와 먼지 구름이 있었다. 이 먼지구름을 이루는 성분은 대폭발로 생긴 수소와 헬륨, 그리고 최초의 별 중심부에서 발생한 무거운 원소였다. 구름마다 중력이 작용해 원소는 한곳으로 모이게 됐다. 이어서 인근에 있던 초신성의 폭발이 위의 과정을 가속했다. 구름(성운)은 어느 날 태양계를 이루고 별을 중심에 둔 원반 형태로 돌기 시작했다. 남은 입자는 뭉치면서 행성을 형성했다.

 • 지구가 만들어진 지 얼마 안 됐을 무렵, 다른 행성으로 추정되는 정체불명의 커다란 천체와 지구가 충돌한 적이 있다. 충격으로 녹은 암석 일부가 떨어져 나갔고, 이 파편은 지구 주변을 돌면서 달이 되었다.

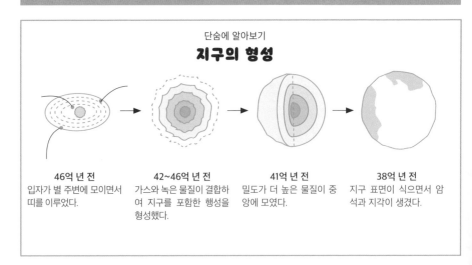

단숨에 알아보기

지구의 형성

46억 년 전
입자가 별 주변에 모이면서 띠를 이루었다.

42~46억 년 전
가스와 녹은 물질이 결합하여 지구를 포함한 행성을 형성했다.

41억 년 전
밀도가 더 높은 물질이 중앙에 모였다.

38억 년 전
지구 표면이 식으면서 암석과 지각이 생겼다.

지구의 층

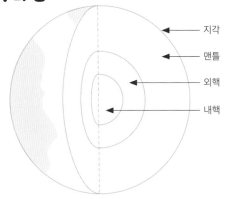

지각	
맨틀	
외핵	
내핵	

지각 두께
5~64킬로미터

맨틀 두께
2,855킬로미터

외핵 두께
2,000킬로미터

내핵 지름
2,450킬로미터

지구의 성장

지구의 크기가 점점 커지면서 중력 또한 강해졌다. 지구는 5억 년 동안 녹아 있는 뜨거운 덩어리 모습이었다. 그러나 가스가 지구 중력의 영향으로 묶이면서 대기가 생겼고, 표면이 식으면서 지각을 형성했다. 처음 온도가 낮아진 시기는 41억 년 전이지만 유성체, 소행성, 혜성의 두 번째 폭격을 받으면서 다시 액체로 변했다. 우주 소나기는 38억 년 전에 멎었고, 지각도 이때 다시 굳었다.

지구의 층

지구의 중심부, 즉 내핵은 지름이 2,450킬로미터에 달하는 금속(대부분 철과 니켈) 구체다. 핵은 금속이 녹을 만큼 뜨겁지만, 위층의 압력 때문에 고체 상태를 유지할 수 있다. 내핵을 감싸는 외핵은 녹은 금속이다. 외핵 위에는 맨틀이 떠 있다. 이는 일부만 녹은 두꺼운 암석층으로, 지구 부피의 80퍼센트 이상을 차지한다. 지각은 지구 표면의 단단한 껍데기이며, 돈가스의 튀김옷처럼 내용물을 완전히 감싸고 있다.

쪽지 시험

1. 지구가 두 번째로 식은 시기는 언제일까?
2. 외핵의 두께는 몇 킬로미터일까?
3. 지구에 한 천체가 충돌하면서____이 생겼다.
4. 내핵의 주성분은 무엇일까?
5. 지구에서 가장 두꺼운 **층**은 무엇일까?

|4.2 지구의 대기

지구 주변에는 대기를 구성하는 기체층이 있다. 눈에 보이지 않는 대기는 호흡에 필요한 공기를 제공할 뿐 아니라, 우주를 떠도는 천체의 공격과 일부 태양 에너지를 막는다.

대기는 각종 기체와 먼지, 기타 물질(화산 연기 등)로 구성된다. 대기는 질소 78퍼센트, 산소 21퍼센트, 아르곤 1퍼센트, 이산화탄소 0.04퍼센트로 구성되어 있으며, 이밖에도 헬륨, 메탄, 네온 등 다양한 성분이 있다.

대기는 크게 다섯 층으로 분류된다. 지상에 가까운 순서대로 따지면 대류권, 성층권, 중간권, 열권, 외기권이다. 우주에 가까울수록 공기 밀도가 희박하다.

오존층

성층권에 있는 오존층은 오존 밀도가 상당히 높다. 오존은 태양이 방출하는 해로운 자외선(UV)을 상당량 흡수하여 지구에 도달하지 못하게 막는다. 자외선은 피부에 화상을 남기고 눈에 피해를 준다. 따라서 오존층은 인간의 건강과 생존에 꼭 필요하다.

쪽지 시험

1. 대기권의 몇 가지로 나뉠까?
2. 지상에서 가장 먼 대기권은 무엇일까?
3. 오존층이 흡수하는 해로운 빛은 무엇일까?
4. 대기에서 질소가 차지하는 비율은 몇 퍼센트일까?

대기권

외기권

가장 바깥에 있는 대기권은 지표면에서 800킬로미터 떨어진 곳에서 시작한다. 외기권에는 공기 밀도가 희박하며, 우주와 뚜렷한 경계가 없으므로 기체 분자가 자유롭게 오갈 수 있다.

열권

열권에서 가장 높은 지점은 지표면에서 640킬로미터 떨어져 있다. 기체 분자가 태양 복사열을 흡수하므로 온도가 높다.

중간권

중간권 꼭대기는 지표면에서 80킬로미터 떨어져 있다. 가장 위쪽의 온도는 -100도까지 떨어진다. 유성은 보통 중간권에서 탄다.

성층권

성층권은 지표면에서 10~20킬로미터 떨어진 지점부터 시작해 50킬로미터 떨어진 곳에서 끝난다. 온도는 -60도부터 0도 정도로, 온도차가 크다.

대류권

적도에서는 20킬로미터 올라간 지점, 극지방에서는 10킬로미터 올라간 지점이다. 대기 기체의 80퍼센트가 대류권에 있다. 또한 모든 기상 현상이 대류권에서 일이닌다.

오존층

|4.3 지구조론

땅은 쉬지 않고 움직이고 있다. 지각판이라고 하는 조각은 맨틀 위를 천천히 떠돈다. 산이 솟고, 지진이 발생하고, 화산이 나타나는 이유는 지각판이 움직이면서 충돌하기 때문이다.

앞에서 설명했듯이, 지구의 내핵은 상당히 뜨겁다. 내핵의 열은 위로 향하는데, 일부는 외핵을 거쳐 맨틀에 도달한다. 맨틀 아래의 녹은 암석이 열을 받으면 표면을 향해 움직이면서 지각 아래에서 퍼지고, 식으면서 다시 가라앉는다. 이러한 암석의 순환을 '대류'라고 한다. 지각판은 대류 현상으로 인해 바다에 떠 있는 배처럼 맨틀 위를 돌아다닌다. 이 모든 과정은 굉장히 천천히 일어난다. 평균적으로 따지면 지각판이 움직이는 속도는 손톱이 자라는 속도와 비슷하다.

 토막 상식
- 모든 육지는 한때 하나였다. '초대륙', 즉 판게아는 1억 7,500만 년 전 갈라졌으며, 이후 조각이 서로 멀어지면서 우리가 아는 대륙의 모습을 형성했다.

지각판

지각판이 정확히 몇 개인지 아는 사람은 아무도 없다. 규모가 큰 지각판의 이동 방향은 다음과 같다.

참고
— 경계
→ 이동 방향

판의 경계

  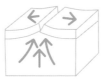 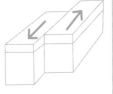

수렴 경계	충돌대	발산 경계	보존 경계
지각판이 모이면서 무거운 해양판이 대륙판에 눌려 맨틀로 들어가는 경계. 해양판이 녹으면 액체화된 암석이 분출될 수 있다.	대륙판끼리 충돌하면 무게 차이가 없으므로 어느 한쪽도 무너지지 않는다. 두 판은 서로를 위로 밀면서 산을 만든다. 알프스산맥과 히말라야산맥이 이러한 충돌대의 결과물이다.	생성 경계라고도 한다. 두 판이 서로 멀어지는 경계다. 녹은 암석, 즉 마그마가 맨틀에서 올라와 틈을 메우고 식으면서 새로운 지각을 형성한다.	두 판은 서로 반대 방향으로 이동하며, 이 활동으로 인해 지각이 새로 생성되거나 파괴되지는 않는다. 하지만 마찰력 때문에 지진이 일어날 수는 있다.

지각판은 크게 두 가지로 분류된다.

- **해양판**: 바다 아래의 무거운 판이다.
- **대륙판**: 해양판보다 두껍지만 무겁지는 않다. 바다 위에 드러난 두꺼운 부분을 육지라고 한다.

경계

지각판의 가장자리를 '경계'라고 한다. 판이 만나거나 엇갈리는 곳은 지각이 파괴되거나 만들어지는 곳이기도 하다. 앞으로 알게 되겠지만 지진과 화산 활동은 지각판 경계에서 자주 일어난다(76쪽 참고).

쪽지 시험

1. 지각판이 움직이는 이유는 무엇일까?
2. 지각판의 두 가지 유형은 무엇일까?
3. 새로운 지각을 형성하는 경계를 뭐라고 부를까?
4. 해양판과 지각판 중 더 무거운 것은 무엇일까?
5. 판게아가 흩어진 시기는 언제일까?

|4.4 화산과 지진

화산은 불타는 물체를 상공 45킬로미터까지 쏘아대고, 지진은 땅을 거세게 흔들어 건물을 무너뜨린다. 화산과 지진은 지구 깊은 곳의 힘으로 인해 발생하는 위험하고도 인상 깊은 현상이다.

화산은 지각에 난 구멍이다. 대다수는 산맥에 있는데, '화산관'이라는 기다란 원통이 꼭대기에서 맨틀까지 이어진다. 대부분은 판의 경계에서 솟아오르나, 뜨거운 암석이 열기둥의 형태로 부상하는 지역이라면 경계에서 멀리 떨어진 곳에서도 나타난다. 화산이 폭발하면 마그마, 가스, 화산재가 쏟아져 나온다. 화구 밖으로 흐르는 마그마를 용암이라고 한다. 화산은 활화산, 휴화산, 사화산으로 분류된다.

화산 내부

- **마그마굄**: 녹은 암석이 모이는 샘.
- **화산관**: 지구 안쪽에서 마그마가 솟아오르는 관
- **화구**: 화산이 처음 분출하면 생기는 깊은 접시 모양 구조물.
- **측면 화구**: 용암이 나오는 다른 구멍.
- **화산탄**: 암석이나 다른 물질 덩어리.
- **화산구름**: 재, 증기, 화산 가스의 구름.
- **화산이류**: 재, 진흙, 물과 섞여 산비탈을 따라 내려가는 용암.
- **용암**: 표면 위로 드러난 마그마. 최대 온도는 1,250도에 달한다.

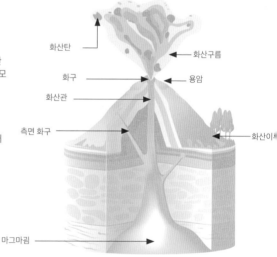

화산탄

화산구름

화구

용암

화산관

측면 화구

화산이류

마그마굄

- 전 세계 화산과 지진 활동 대부분은 '불의 고리'라는 지역에서 일어난다. 이는 태평양 가장자리를 둘러싼 원호 모양의 지대다. 불의 고리를 따라 해양판이 대륙판 아래로 밀려 내려가기 때문에 지진과 화산 활동이 잦다.

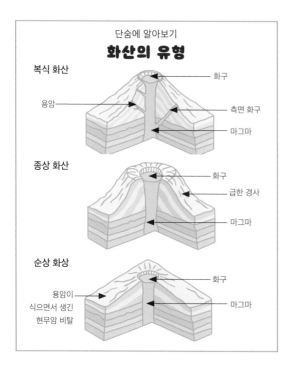

단숨에 알아보기

화산의 유형

복식 화산

화구

용암

측면 화구

마그마

종상 화산

화구

급한 경사

마그마

순상 화상

용암이
식으면서 생긴
현무암 비탈

화구

마그마

쪽지 시험

1. 용암의 최고 온도는 몇 도일까?
2. 지진 세기를 측정하는 단위는 무엇일까?
3. 인간은 진도가 1.8인 지진을 느낄 수 있을까?
4. 재, 진흙, 물과 섞여 흐르는 용암은 무엇일까?
5. 지구에서 화산이 밀집된 장소는 어디일까?

지진 규모에 따른 피해 정도

경진(2.5 이하):
지진계로만 확인할
수 있다.

약진(2.5~5.4):
느껴지지만,
피해는
거의 없다.

중진(5.5~6.0):
건물이 약간 부서진다.

강진(6.1~6.9):
인근 지역이
심하게 망가진다.

열진(7.0~7.9):
땅이 거세게 흔들리며 엄청난 피해가 발생한다.

격진(8.0 이상):
도시 전체가 파괴된다.

지진

보존 경계에서 지각판은 서로를 밀지 않고 지나가지만 종종 끼일 때도 있다. 이때 각 지각판은 빠져나가기 위해 용을 쓰는데, 이 과정에서 방출되는 에너지로 인해 지진이 일어난다. 연쇄 충격파는 진원(지각판이 끼인 곳)에서 주변 암석을 타고 퍼진다.

하루에도 수백 번씩 지진이 일어나지만, 대부분 규모가 작아 아무도 알아차리지 못한다. 지진의 세기는 모멘트 규모(Moment Magnitude Scale)로 측정한다. 규모가 한 단계 올라갈 때마다 세기가 10배씩 커진다. 규모 6 이상의 지진이 발생하면 땅이 거칠게 흔들리며, 집이 무너지고, 지각에 균열이 생긴다.

|4.5 암석과 광물

피라미드, 모아이, 스톤헨지는 아주 오래전에 세워진 멋진 작품이다. 이 유적들이 아직 건재한 이유는 암석으로 만들었기 때문이다.

암석은 광물이 모여 형성된 물질이며, 광물은 하나 이상의 원소가 결합한 자연의 고체 물질이다. 세상의 모든 암석은 생성 과정을 기준으로 크게 세 가지로 나눌 수 있다.

화성암

화성암은 마그마가 식어서 만들어진 암석이다. 마그마 혹은 용암이 식으면 화성암이 된다. 그중 관입암은 지표면 아래에서 형성된 화성암이며, 천천히 만들어졌기에 결정이 크다. 반면 분출암은 지표면에서 식어 만들어진 암석인데, 빨리 식은 탓에 결정이 작고 대부분 단단하다. 타일, 다리, 심지어 건물 건축에 사용하는 화강암 역시 화성암의 일종이다.

퇴적암

강과 바다가 만나는 지점은 물살이 느려 파편들이 바닥에 쌓이며 퇴적물을 형성한다. 수백만 년에 걸쳐 같은 장소에 퇴적물이 쌓이면 퇴적암이 된다. 퇴적층은 층마다 색이 다른 경우가 많다. 시간이 흐르면서 쌓이는 퇴적물의 종류가 변하기 때문이다. 심지어 화석이 숨겨진 층도 있다(186쪽 참고).

변성암

변성이란 한 가지 물질이 다른 물질로 변하는 과정이다. 암석이 열과 압력을 받으면 대리석이나 점판암 같은 변성암이 만들어진다.

암석의 순환

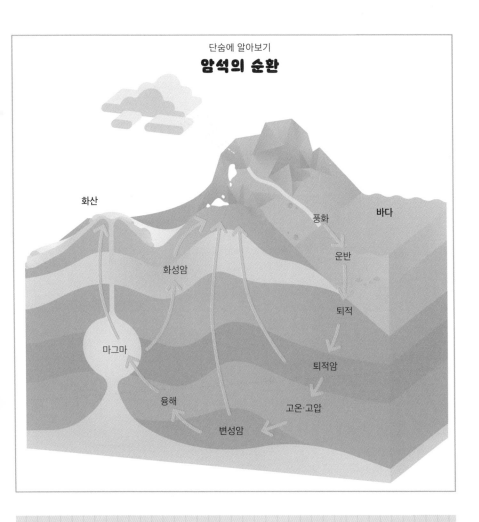

화산

바다

풍화

화성암

운반

퇴적

마그마

퇴적암

융해

고온·고압

변성암

쪽지 시험

1. 퇴적층에서 생성되는 암석은 무엇일까?

2. 관입암과 분출암 중 더 빠르게 식은 것은 무엇일까?

3. 모든 암석을 이루는 성분은 _____이다.

4. '자연의 유리'라고 **부르**는 임식은 무엇일까?

5. 물에 가라앉은 암석 파편은 _____이 된다.

|4.6 풍화

암석은 강하지만 영원하지는 않다. 매일 식물, 화학 물질, 날씨의 영향을 받아 조금씩 금이 가거나 부서지기도 한다.

둘 이상의 지각판이 만나면(75쪽 참고) 암석이 부서지고, 깨지고, 변한다. 하지만 이것이 풍화 작용의 결과라고는 할 수 없다. 풍화가 일어나면 바위가 천천히 부서지거나 닳는다. 이러한 풍화 작용은 크게 생물 풍화, 화학 풍화, 물리 풍화로 나뉜다.

토막 상식
- 풍화 작용이 이어지면 암석이 깨지거나 닳으면서 점차 작아진다. 바람, 물, 빙하가 작아진 암석 일부를 다른 곳으로 옮기거나 깎아내는데, 이를 '침식'이라고 한다. 절벽과 계곡이 침식의 결과물이다.

생물 풍화

동식물은 암석을 닳게 만든다. 암석 지대의 식물은 바위틈에 뿌리를 내리는데, 식물이 자라면서 뿌리가 두꺼워지면 바위가 점차 밀리고 결국 금이 가게 된다. 또한 동물(인간 포함)이 걷거나 뛰면서 암석을 마모시키기도 한다. 굴을 파는 동물은 아예 바위에 구멍을 내거나 틈을 넓혀서 보금자리를 만든다.

화학 풍화

공기 중의 이산화탄소는 비에 섞이면서 비를 산성으로 만든다. 산성비는 암석을 이루는 광물과 반응한다. 화강암 같은 암석은 비를 견딜 수 있지만, 백악이나 석회암 같이 무른 암석은 쉽게 풍화된다. 화학 연료를 태우면 이산화탄소와 이산화황이 대기에 스며든다. 그리고 이산화황이 구름에 섞이면 산성도가 더 높은 비가 내린다. 이런 산성비는 낡은 건물과 조각상을 파먹는다. 무른 암석으로 만든 구조물일수록 피해가 심하다.

물리 풍화

기온 변화, 비바람, 파도 같은 물리 작용 역시 암석을 깎아낸다. 암석은 뜨거울 때 팽창하고, 차가울 때 수축한다. 수축과 팽창을 계속 반복하면 쪼개질 수 있다. 사막처럼 낮에는 탈 듯이 덥고 밤에는 얼어붙을 듯 추운 곳에서 자주 나타나는 현상이다. 바람에 실린 모래 먼지와 폭우, 거센 파도 역시 풍화의 원인이다. 물이 암석 틈으로 들어가 얼면 얼음 결정이 생기면서 암석을 밀어내 균열이 발생한다. 이를 '동결 융해'라고 한다.

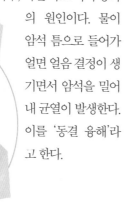

> ### 쪽지 시험
>
> 1. 식물은 어떻게 바위를 쪼갤 수 있을까?
> 2. 산성비를 유발하는 기체는 무엇일까?
> 3. 바위가 열을 받았을 때 나타나는 변화는 무엇일까?
> 4. 풍화로 인해 작아진 암석을 바람, 물, 빙하 등이 옮기거나 깎아내는 현상을 무엇이라고 할까?

|4.7 물의 순환

물이 존재하는 모든 장소를 '수권'이라고 한다. 지구의 물은 최소 40억 년 동안 사방을 돌아다녔다. 지금 우리 컵 속에 있는 물은 한때 공룡이 마셨던 물, 바이킹의 배를 띄웠던 물일지도 모른다.

물은 전 세계를 끊임없이 이동하며 순환한다. 이러한 과정을 '물의 순환(hydrologic cycle)'이라고 한다. 물은 땅, 바다, 하늘을 넘나들면서 고체에서 액체로, 액체에서 기체로, 다시 기체에서 고체로 변한다.

물의 순환

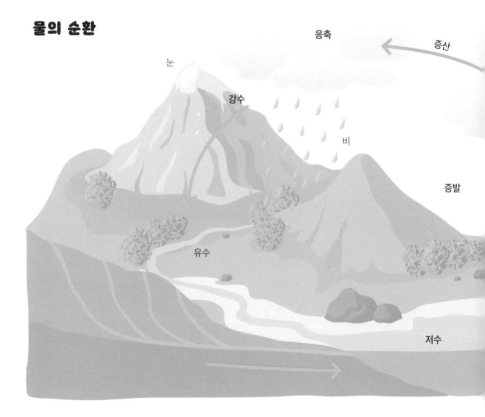

증발

태양 빛이 호수, 강, 연못, 바다 등에 닿으면 수표면의 물이 뜨거워진다. 온도가 오른 물은 '수증기'라는 기체로 변해 공기로 날아간다.

응축

수증기가 높은 곳에서 차가운 공기와 만나면 응축해 물방울로 변한다. 수백만 개의 작은 물방울이 하나로 뭉치면 구름이 생긴다. 구름은 바람과 기류를 타고 하늘 위를 둥둥 떠다닌다.

강수

구름은 물방울이 모일수록 무거워진다. 공기 중에 떠다닐 수 없을 정도로 무거워지면 물방울이 땅으로 떨어진다. 추운 날에는 진눈깨비, 우박, 눈이 내리고, 더운 날에는 비가 내린다. 물이 어떠한 형태로든 땅으로 떨어지는 현상을 '강수'라고 한다.

쪽지 시험

1. 강수란 무엇일까?
2. 기체로 변한 물을 뭐라고 부를까?
3. 증발을 유도하는 것은 무엇일까?
4. 물이 돌고 도는 과정을 무엇이라고 부를까?

이동

저수

눈이 녹거나 폭우가 내리면 '유수'가 발생하는데, 이는 물이 다른 물에 합쳐지거나 땅에 스며들 때까지 흐르는 현상이다. 구름에서 떨어진 물은 언젠가 증발하면서 다시 순환한다.

|4.8 날씨와 기후

날씨는 창밖에서 쉽게 구경할 수 있는 현상으로, 외출할 때 모자와 우산 중 무엇을 챙길지, 티셔츠와 스웨터 중 무엇을 입을지 정하는 기준이기도 하다. 반면 기후는 장기간 나타나는 평균적인 기상 상태다.

날씨와 기후에 영향을 미치는 요소는 많다. 적도는 태양 빛을 많이 받으므로 덥고 화창한 날이 잦다. 고도와 기류 역시 중요하다. 고도가 높은 곳은 춥고 눈이 많이 내린다. 기류는 다른 지역의 덥거나 추운 공기를 싣고 오며, 바람은 하늘에 뜬 구름을 밀어낸다. 바다는 육지보다 온도 변화가 느리다. 따라서 겨울에는 해안이 내륙보다 따뜻하다.

기상학자는 기후에 대한 지식과 특수 장비를 활용해 당분간 날씨가 어떨지 연구한다. 알다시피 일기예보가 백발백중은 아니지만, 태풍, 홍수, 혹서 같은 위험을 미리 알린다는 점에서 의미 있는 일이다.

토막 상식

- 태양열로 인해 따뜻해진 공기는 상승한다. 따뜻한 공기가 위로 올라가고 나면 찬 공기가 빈자리를 채운다. 이런 식으로 공기가 빠르게 움직이면 돌풍이 분다.

- 구름의 생김새는 가지각색이다. 형태, 색, 크기는 높이, 기온, 머금은 물의 양에 따라 달라진다.

기후 변화

수십억 년 동안 지구는 많은 변화를 거듭했다. 태양이 계속 같은 정도의 열을 보낸 것도 아니고, 지구 역시 세차운동(물체의 회전축이 회전하는 운동, 팽이의 회전 속도가 줄어들면 회전하는 것이 아니라 축이 기우뚱거리며 돈다)을 거듭했다. 이는 지구에 빙하기를 몰고 왔으며, 숲을 사막으로 바꾸기도 했다.

인간이 일으킨 기후 변화는 자연스럽게 일어나는 기후 변화보다 빠르다. 차량, 공장 등에서 유발한 오염은 대기에 열을 가두는 온실효과를 극대화했다.

온실효과

지구의 대기는 태양으로부터 받은 열을 가둔다. 하지만 환경 오염이 발생하기 시작한 이후 갇히는 열이 점점 많아졌다. 원래대로라면 흡수되고 남은 빛은 우주로 돌아간다. 하지만 이산화탄소와 메탄 같은 온실가스는 밖으로 나가야 할 빛 일부를 다시 지구로 보낸다. 환경 오염이 지속된다면 대기의 온실가스는 늘어나고, 빠지는 열은 줄어들어 지구가 계속해서 뜨거워질 수밖에 없다.

빛은 절반 정도 흡수되어 열로 변하며 절반은 튕겨나간다.

태양 빛이 지구 대기로 들어간다.

쪽지 시험

1. 날씨를 연구하는 과학자를 뭐라고 부를까?

2. 당장 창밖에서 관찰할 수 있는 것은 날씨일까 기후일까?

3. 육지와 바다 중 온도가 더 빠르게 변하는 것은 무엇일까?

4. 공기가 떠오르는 원인은 무엇일까?

5. 온실가스의 대표적인 성문 두 가지는 무엇일까?

지구과학

1. 대류가 일어나는 장소는 어디일까?
A. 지각
B. 내핵
C. 맨틀
D. 외핵

2. 지각판 경계의 유형이 아닌 것은 무엇일까?
A. 보존 경계
B. 수렴 경계
C. 방어 경계
D. 발산 경계

3. 지진을 탐지하고 기록하는 장비는 무엇일까?
A. 전압계
B. 풍속계
C. 지진계
D. 액체비중계

4. 지구 내부에 흐르는 녹은 암석은 무엇일까?
A. 마그마
B. 화산이류
C. 유성

D. 용암

5. 비, 눈, 우박은 _____ 현상이다.
A. 강단
B. 강산
C. 강압
D. 강우

6. 생물 풍화를 유발하는 것은 무엇일까?
A. 비
B. 식물 뿌리
C. 온도 변화
D. 파도

7. 지구 내핵을 이루는 물질은 무엇일까?
A. 금속
B. 흙
C. 암석
D. 얼음

8. 이 중 지각판과 속도가 비슷한 것은 무엇일까?
A. 달리기 선수

B. 손톱
C. 달팽이
D. 기차

9. 기후 변화의 원인이 아닌 것은 무엇일까?
A. 오염
B. 지구의 세차 운동
C. 바람
D. 태양 빛 변화

10. 생물이 호흡할 수 있는 대기권은 무엇일까?
A. 성층권
B. 대류권
C. 외기권
D. 중간권

※ 정답은 210쪽에서 확인할 수 있어요.

4장

간단 요약

지금 지구가 있는 곳은 원래 공허한 공간이었지만, 수십억 년에 걸쳐 다사다난한 사건이 벌어진 덕분에 우리의 고향이 탄생할 수 있었다.

- 지구의 내핵은 지름이 2,450킬로미터에 달하는 금속(대부분 철과 니켈) 구체다.
- 지구가 커지면서 중력이 강해졌으며 5억 년 동안은 녹아있는 뜨거운 덩어리 모습으로 지냈다.
- 대기는 다섯 개의 대기권으로 나눌 수 있다. 각종 기체, 지구에서 올라온 먼지, 그리고 화산 연기 같은 기타 물질이 대기를 이룬다.
- 지각판이 움직이면서 충돌하면 산이 솟고, 지진이 발생하고, 화산이 나타난다.
- 화산이 폭발하면 마그마, 가스, 화산재가 지구 깊숙한 곳에서 쏟아져나온다.
- 끼인 지각판은 대류 현상의 힘을 받아 빠져나가기 위해 용을 쓴다. 이 과정에서 축적한 에너지를 방출하면 지진이 일어난다.
- 광물이 모이면 세 가지 암석을 형성한다. 광물은 하나 이상의 원소가 결합한 자연의 고체 물질이다.
- 바위는 생물 풍화, 화학 풍화, 물리 풍화로 인해 닳는다.
- 물은 전 세계를 끊임없이 이동하며 순환한다. 이러한 과정을 '물의 순환'이라고 한다.
- 세계 곳곳의 기온과 날씨가 크게 변하는 현상을 '기후 변화'라고 한다.

5

힘과 운동

만물의 상태는 반드시 둘 중 하나다. 운동 혹은 정지. 하늘을 나는 비행기부터 지금 앉아있는 의자까지, 모든 것은 밀고 당기고 뒤틀고 늘이고 내리누르는 힘을 받는다. 움직이는 물체든 정지한 물체든 전부 마찬가지다.

이번 장에서 배우는 것

힘	압축
운동	휨
중력과 무게	부력
마찰력과 항력	압력
회전력과 비틀림	자석
인장	

5.1 힘이란?

힘이란, 물체를 밀거나 당겨서 방향, 형태, 속도를 바꾸는 원인이다. 잠시라도 힘을 받지 않는 물체는 없다. 태양을 공전하는 지구부터 바다를 누비는 배까지 전부 힘의 영향을 받는다.

힘은 근접 작용과 원격 작용으로 나눌 수 있다. 한 물체가 다른 물체에 힘을 직접 가하면 근접 작용이다. 공을 걷어차는 사람과 서로를 밀어내는 범퍼카가 여기에 해당한다. 중력과 자기력은 원격 작용에 속하는 힘이다. 원격 작용은 접촉 없이도 물체에 영향을 가한다.

힘은 뉴턴, 즉 N으로 측정한다. 1뉴턴은 1킬로그램의 물체를 초당 $1m^2$만큼 가속하는 데 필요한 힘이다. 간단히 말하자면 숫자가 클수록 강하게 밀거나 당긴다는 뜻이다.

밀기와 당기기

미는 힘
유모차를
미는 여성

당기는 힘
활시위를 당기는
양궁 선수

토막 상식 • 아이작 뉴턴ISAAC NEWTON이 남긴 중요한 사고와 수학 업적을 기리기 위해 장비와 단위에 뉴턴의 이름을 붙였다. 뉴턴 미터는 측정 장비 내부의 용수철이 늘어나는 정도를 기준으로 측정한다.

균형

힘은 절대 홀로 존재하지 않으며 반드시 짝이 있다. 쇼핑 카트에 짐을 가득 싣고 오르막을 오르는 상황을 떠올려 보자. 중력이 카트를 끌어 내리려고 하면서 반작용이 생긴다. 뉴턴의 제3법칙에서 다루는 내용이다. 이는 뉴턴의 운동 법칙은 다음 학습 주제에서 자세히 알아보자.

작용과 반작용의 세기가 비슷하면 두 힘은 반대 방향으로 작용하면서 서로를 상쇄해 균형을 이룬다. 힘이 균형을 이루면 정지한 물체는 그대로 정지해 있고, 움직이는 물체는 계속 같은 속도로 움직인다.

단숨에 알아보기

힘의 균형

덩치와 힘이 비슷한 사람들을 모아놓고 줄다리기를 한다고 생각해 보자. 서로 힘껏 줄을 당겨도 줄이 움직이지 않는다. 하지만 한쪽에 몸집이 두 배나 큰 사람을 투입하면 힘의 균형이 깨진다. 균형이 깨지면 정지한 물체는 움직이고, 움직이던 물체는 속도나 방향을 바꾼다.

400뉴턴   **힘의 균형**   400뉴턴

400뉴턴   **깨진 힘의 균형**   300뉴턴

5.2 운동

팔을 머리 위로 흔들어보자. 여러분은 방금 운동을 했다. 운동이란, 물체(혹은 물체의 일부)가 한 장소에서 다른 장소로 이동하는 것이다. 힘은 움직이는 물체의 방향이나 속도를 바꾸는 식으로 물체의 운동에 영향을 미칠 수 있다.

운동을 나타내는 몇 가지 요소는 다음과 같다.

- **이동 거리**: 물체가 움직인 간격.
- **속력 단위**: 시간 동안 물체의 이동 거리.
- **속도 단위**: 시간 동안 물체의 위치 변화.
- **가속도 단위**: 시간 동안 물체의 속도 변화.

토막 상식

- '관성'이란 힘을 받아 상태가 변하지 않는 한 정지한 물체는 계속 정지하고, 움직이는 물체는 계속 움직이려는 경향이다. 티스푼으로 음료를 저었다가 빼고 컵을 들여다 보면 음료가 계속 소용돌이치는 것을 볼 수 있다. 물체의 질량이 클수록 관성이 크다.

비슷한 예로 멀미는 차량의 반복적인 움직임이 뇌를 혼란스럽게 만들어서 생기는 현상으로, 현기증이나 구토 등을 동반한다.

운동의 종류

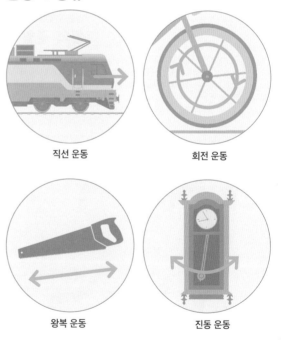

직선 운동

회전 운동

왕복 운동

진동 운동

뉴턴의 운동 법칙

뉴턴은 중력이 모든 물체를 아래로 잡아당긴다는 사실(94쪽 참고)을 알아내고 운동 법칙을 정리한 과학자다. 뉴턴의 운동 법칙은 만물이 움직이는 방식을 설명한다.

단숨에 알아보기

운동 법칙

제1법칙

힘이 가해져 물체의 상태가 변하지 않는 한, 정지한 물체는 계속 정지하고, 움직이던 물체는 계속 같은 속도와 방향으로 움직인다. 예를 들어 식탁 위의 접시는 별다른 힘을 받지 않는 이상 움직이지 않는다. 라켓으로 때린 테니스공은 중력이나 공기 저항처럼 속도를 늦추고 아래로 잡아당기는 힘이 사라지면 직선으로 계속 날아간다.

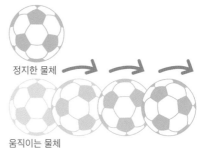

정지한 물체

움직이는 물체

발로 찬
축구공

발로 찬 볼링공

제2법칙

움직이는 물체의 가속도는 작용하는 힘에 비례하며 질량에 반비례한다. 무거운 물체와 가벼운 물체를 똑같은 힘으로 밀면 가벼운 물체가 더 많이 밀린다. 때문에 무거운 물체와 가벼운 물체를 똑같은 정도로 가속하려면 무거운 물체를 더 세게 밀어야 한다.

제3법칙

모든 작용에는 크기는 같고 방향이 반대인 반작용이 있다. 노를 저을 때, 팔로 노를 움직이면 노가 물을 밀고, 물 역시 노를 민다. 벽에 공을 던지면 공은 벽에 힘을 가한다. 벽 역시 공에 힘을 가하고, 이로 인해 공이 벽에서 튀어 나간다.

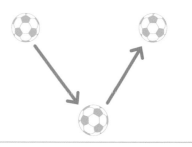

|5.3 중력과 무게

위로 던져 올린 물체는 항상 다시 떨어진다. 뉴턴이 나무에서 떨어지는 사과를 보고 사과가 아래로 떨어진 이유를 찾기 시작했다는 유명한 이야기도 있다.

1687년, 뉴턴은 중력 이론을 발표해 우주의 모든 입자가 서로 잡아당기는 이유를 설명했다. 중력은 우리가 땅을 딛고 설 수 있도록, 태양계의 모든 행성이 제자리를 지키도록 잡아당긴다. 모든 물체는 다른 물체에 중력을 가한다. 하지만 대부분은 약한 중력을 받기 때문에 체감하기 어렵다. 중력은 물체의 질량이 클수록 강하게 작용한다. 지구와 태양의 중력이 강한 것도 이 때문이다.

또한 물체에 가까이 접근할수록 받는 중력이 강해진다. 지구가 태양을 떠나지 않고 공전하는 것은 태양의 중력으로 인해 다른 곳으로 갈 수 없기 때문이다. 만약 지구와 태양 사이가 더 멀어지면, 지구의 온도가 낮아지면서 생명이 전부 사라지고 만다.

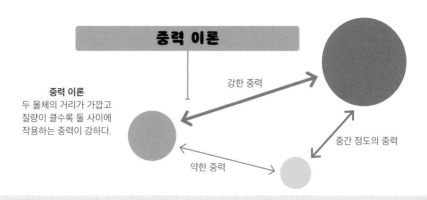

중력 이론

중력 이론
두 물체의 거리가 가깝고 질량이 클수록 둘 사이에 작용하는 중력이 강하다.

강한 중력

중간 정도의 중력

약한 중력

쪽지 시험

1. 물체의 중력 세기에 영향을 미치는 두 요소는 무엇일까?

2. 지구에서 45킬로그램인 사람이 화성에 가면 몇 킬로그램일까?

3. 태양계 행성 중 중력이 가장 강한 것은 무엇일까?

4. 뉴턴이 중력 이론을 발표한 것은 언제일까?

태양계에서 인간의 체중

지구에서 45킬로그램

금성에서 41킬로그램

수성과 화성에서 17킬로그램

달에서 7.5킬로그램

목성에서
115킬로그램

토성에서
48킬로그램

천왕성에서
40킬로그램

해왕성에서
51킬로그램

무게

질량은 곧 물체를 이루는 원자(12쪽 참고)의 수다. 질량은 절대 변하지 않는다. 또한 물체의 무게는 곧 받는 중력의 크기다. 장소와 행성이 달라지면 받는 중력 역시 달라지므로 무게가 변한다.

목성을 예로 들어보자. 목성에 가면 질량이 변하지는 않지만, 체중은 지구에 있을 때보다 두 배 이상 무거워진다. 우주비행사가 우주에서 둥둥 떠다니는 이유는 우주 공간의 중력이 약해 체중이 거의 나가지 않는 상태이기 때문이다.

5.4 마찰력과 항력

봉을 잡고 미끄러져 내려오거나 발을 질질 끌어본 적이 있는가? 그렇다면 여러분은 마찰력을 느낀 셈이다. 사실 우리는 매일 마찰력을 체감한다. 마찰력이 없다면 주변의 모든 것이 정신없이 미끄러질 것이다. 두 물체가 스칠 때 표면에서 저항하는 힘을 '마찰력'이라고 한다.

마찰력은 물체의 이동 방향과 반대로 작용하며 속도를 줄이거나 아예 멈추게 만든다. 두 물체 표면에 작용하는 마찰력의 세기는 물체의 재질에 따라 다르다. 표면이 거칠수록 마찰력이 크다. 신발을 신고 빙판 위를 걸으면 쉽게 미끄러지지만, 아스팔트 위에서는 그렇지 않다. 마찰력은 굉장히 유용한 힘이다. 걸을 때 넘어지지 않는 것, 운전할 때 브레이크를 밟아 속도를 줄일 수 있는 것도 마찰력 덕분이다.

표면에 마찰력이 발생하면 물체가 느려지면서 에너지를 잃는데, 이 에너지는 열로 변한다. 손을 빠르게 비비면 따뜻해지는 원리와 같다. 야생에서는 막대를 비비거나 부싯돌을 철과 부딪혀서 불을 피우는데, 이 역시 마찰력을 응용한 사례다.

토막 상식

• 기관이나 기계 부품처럼 물체끼리 닿으면 안 되는 경우에는 마찰력을 줄여야 한다. 이때는 기름을 넣는 등의 방식으로 해결한다.

• 돌고래나 상어처럼 빠르게 헤엄치는 어류는 물의 저항을 줄이기 위해 몸을 유선형으로 바꾸었다. 이런 생김새를 '방추형'이라고 하는데, 물 속을 더 수월하게 누비는 효과가 있다.

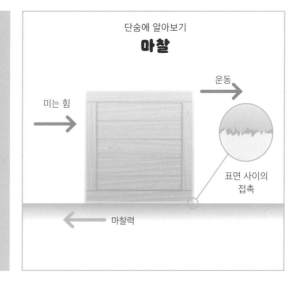

단숨에 알아보기
마찰

운동

미는 힘

표면 사이의 접촉

마찰력

표면 마찰

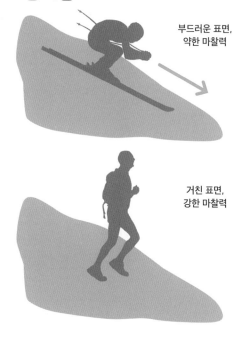

부드러운 표면,
약한 마찰력

거친 표면,
강한 마찰력

쪽지 시험

1. 마찰력은 움직이는 물체의____
   ____방향으로 작용하는 힘이다.
2. 마찰이 많이 발생하는 표면의
   특징은 무엇일까?
3. 항력의 다른 이름은 무엇일까?
4 마찰로 잃는 에너지는 _____
   로 변한다.
5. ____은 저항을 최소화하는 형
   태다.

공기 저항

스카이다이버가 낙하산을 펴면 공기 저항이
중력을 약하게 만들면서 낙하 속도가 느려진다.

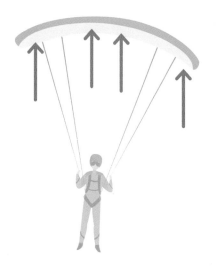

항력

마찰력의 하나인 유체 저항, 즉 항력은 유체에서
이동하는 물체가 받는 저항력이다. 비행기나 연 같
은 비행체는 하늘의 공기 입자와 충돌하면서 공기
저항을 받는다. 자전거를 빠르게 몰거나 지붕이 열
리는 차를 탈 때도 공기 저항을 체감할 수 있다.

물 저항은 물체가 물에 뜨거나 물속에서 이동할
때 발생한다. 물속에서 걸으면 땅에서 걸을 때만큼
의 속도가 나지 않는다. 걸음을 옮길 때마다 물이 몸
을 밀어내기 때문이다. 때문에 로켓, 비행기, 쾌속정
등은 물과 공기 저항을 최대한 적게 받도록 설계한
다. 이러한 형태를 '유선형'이라고 한다.

5.5 회전력과 비틀림

중력을 포함한 여러 힘은 직선으로 작용하며 물체에 '선가속도'를 형성한다. 하지만 물체를 돌리고 비트는 힘도 있다. 이러한 힘은 '각가속도'를 일으킨다.

회전력

회전력은 축, 혹은 중심선이라는 고정된 지점을 중심으로 물체를 돌리는 근접 작용이다. 회전력의 영향을 '모멘트'라고 한다. 문을 밀어서 여는 상황을 생각해 보자. 문 손잡이에 힘을 가하면 문이 호를 그리면서 열린다. 문을 쉽게 열려면 경첩에서 먼쪽, 그러니까 가장 많이 움직여야 하는 부분을 밀어야 한다. 축과 힘을 가하는 지점 사이의 거리를 늘리면 모멘트가 커지면서 회전하는 힘이 세지기 때문이다.

맨손으로 녹슨 볼트를 푸는 일은 쉽지 않다. 제대로 쥐기 어려울 뿐 아니라 손가락 힘에는 한계가 있기 때문이다. 하지만 손잡이가 기다란 스패너를 사용하면 작업이 수월하다.

비틀림

회전력은 물체 전체를 (축 기준) 같은 방향으로 돌린다. 비틀림은 물체 일부가 저마다의 축을 기준으로 다른 방향으로 도는 현상이다. 젖은 수건을 짠다고 생각해 보자. 한쪽 손은 몸 안쪽, 반대쪽 손은 몸 바깥쪽을 향해 수건을 비틀면서 물을 짠다.

 토막 상식 • 흔하지는 않지만, 체내에서도 비틀림이 일어난다. 장기가 꼬이면서 혈류량이 감소하는 경우다. 이럴 때는 보통 수술로 해결한다.

단숨에 알아보기

실전

스패너 손잡이가 길수록 모멘트가 크다. 때문에 볼트가 더욱 쉽게 풀린다.

재질에 따라 비틀림에 견디는 정도가 다르다. 천이나 고무로 만든 물체는 여러 번 비틀어도 원래대로 돌아가지만, 금속이나 나무 같은 물체는 너무 세게 비틀면 부서진다.

쪽지 시험

1. 회전력의 영향은 어느 방향으로 작용할까?

2. 회전력이 ___ 하면 비틀림이 발생할 수 있다.

3. 축의 다른 이름은 무엇일까?

4. 회전력과 비틀림은 물체에 ___를 가한다.

5.6 인장, 압축, 휨

힘이 물체의 속도와 방향뿐 아니라 형태까지 바꿀 때가 있다. 속도가 갑자기 변하거나 강한 힘을 받으면 물체는 늘어나고, 찌그러지고, 휜다. 하지만 이러한 현상에도 정도가 있다.

힘으로 인한 형태 변화를 변형이라고 한다. 늘어나고(인장), 찌그러지고(압축), 휘는 현상 모두 변형에 속한다. 다양한 힘을 받는 물체는 동시에 여러 가지 변형을 겪을 수 있다.

단단한 강철 덩어리를 변형하려면 엄청난 힘이 필요하다. 또한 바위는 부서지면 부서졌지 찌그러지지는 않는다. 하지만 고무공은 누르면 찌그러졌다가 원래대로 돌아간다. 변형이 쉬운 물체는 유연성, 탄성, 신축성이 있다고 표현하며, 가한 힘이 사라졌을 때 원래 모습을 되찾는 변형은 '탄성 변형'이라고 부른다.

인장과 압축

고무공은 바닥에 부딪히면서 찌그러졌다가 튕기면서 늘어난다.

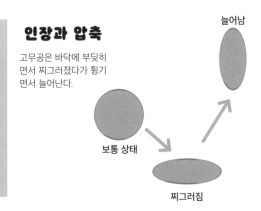

늘어남

보통 상태

찌그러짐

훅의 법칙

물리학자 로버트 훅Robert Hooke은 유연한 물체가 늘어나거나 찌그러질 때 흔하게 일어나는 일을 '훅의 법칙'으로 정리했다. 훅의 법칙에 따르면 물체나 재료의 변형은 받는 힘이 강할수록 크다. 고무줄이나 용수철을 세게 잡아당길수록 길게 늘어나는 것을 떠올려 보자.

　하지만 물체의 유연성이나 탄성이 아무리 뛰어나더라도 변형을 견디는 정도에는 한계가 있다. '탄성 한계'에 도달하면 물체가 원래대로 돌아갈 수 없는 상태로 변하거나 아예 부러진다. 이러한 영구 변화를 '비탄성 변형'이라고 한다.

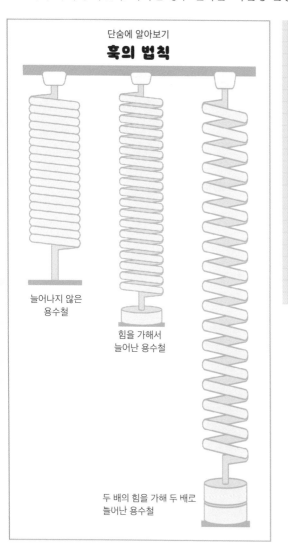

단숨에 알아보기
훅의 법칙

늘어나지 않은
용수철

힘을 가해서
늘어난 용수철

두 배의 힘을 가해 두 배로
늘어난 용수철

|5.7 부력

물에 뜨는 물체와 그렇지 않은 물체의 차이는 작용하는 부력의 크기가 다르다는 것
이다. 부력이란 액체 속의 물체를 중력 반대 방향으로 미는 힘으로, 액체의 위쪽이 아
래쪽보다 압력을 많이 받기 때문에 발생한다. 물에 들어가면 몸이 가볍게 느껴지는
이유 역시 부력 때문이다.

부력보다 중력이 강하면 물체는 침몰한다. 물체의 무게(작용하는 중력)가 부력과
같거나 약하면 수표면에 뜬다. 때문에 물에 뜨는 물체는 '부력을 강하게 받는다'고
표현할 수 있다.

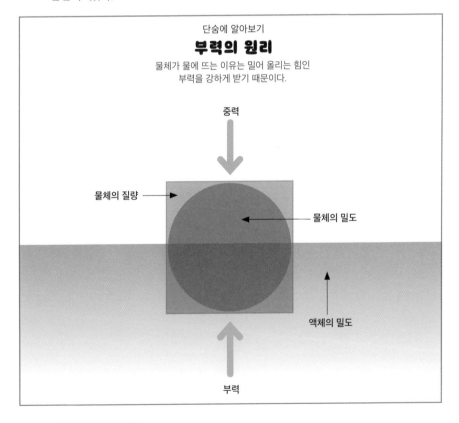

단숨에 알아보기
부력의 원리
물체가 물에 뜨는 이유는 밀어 올리는 힘인
부력을 강하게 받기 때문이다.

중력

물체의 질량

물체의 밀도

액체의 밀도

부력

무게뿐 아니라, 물체와 액체의 밀도 역시 부력에 영향을 미친다. 잠긴 물체의 밀도가 액체보다 높으면 액체는 물체를 밀어 올릴 정도로 강한 부력을 가할 수가 없다. 예를 들어 코르크 조각은 공기 구멍이 많으므로 밀도가 낮다. 따라서 물에 뜬다. 반면 같은 크기의 유리구슬은 물에 가라앉는다.

아르키메데스의 원리

전해오는 바에 따르면, 고대 그리스의 수학자 아르키메데스Archimedes는 목욕을 하다가 부력의 원리를 깨달았다. 목욕탕에 들어가면 욕조물의 수위가 높아지고, 나오면 낮아지는 현상에서 영감을 얻었다. 물체가 물에 들어가면서 밀어내는 물의 양을 '배수량'이라고 하며, 밀려난 물의 부피는 물체의 부피와 같다.

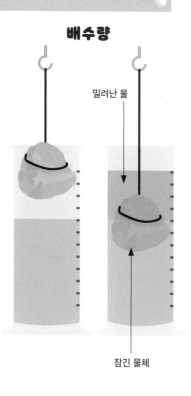

배수량

밀려난 물

잠긴 물체

쪽지 시험

1. 부력보다 중력이 강하면 물체는 떠오른다 or 가라앉는다.

2. 물체의 부력에 영향을 미치는 두 가지 요인은 무엇일까?

3. 배가 물에 뜨는 이유는 무엇일까?

4. 배수량이라는 개념을 처음 제시한 사람은 누구일까?

5. 밀려난 물의 부피는 _____와 같다.

5.8 압력

원치 않는 일을 누군가가 시켜서 강제로 행할 때 '압력이 심하다'라고 말한다. 과학에서 압력이란 물체가 받는 힘의 세기를 의미한다.

압력은 특정 면적이 받는 힘을 표현할 때 사용된다. 힘이 작용하는 면적이 좁을수록 압력은 커진다. 어떤 사람에게 발을 밟혔다고 생각해 보자. 운동화보다 하이힐에 밟힐 때 훨씬 아프다. 힘이 같아도 작용 면적이 좁아 압력이 커지기 때문이다. 압력을 구하는 공식은 다음과 같다.

압력 = 힘 ÷ 면적

압력은 보통 파스칼로 나타낸다. 기호는 Pa이며 프랑스의 수학자이자 물리학자인 블레즈 파스칼Blaise Pascal의 이름을 땄다. N/m^2로 나타내기도 한다.

기압

공기는 물체에 압력을 가한다. 기압은 물체 표면을 내리누르는 모든 기체의 무게다. 높은 곳(예를 들어 산꼭대기)은 기압이 약하다. 누르는 공기가 적기 때문이다.

압력의 세기

온도가 물체의 상태를 바꾸듯, 압력 역시 마찬가지다. 지하 깊숙한 곳에 작용하는 압력은 암석의 종류를 바꾼다(78쪽 참고). 내핵이 고체 상태를 유지하는 것 역시 압력 때문이다. 물체가 받는 압력이 강할수록 상태를 바꾸는 데 필요한 열이 줄어든다. 때문에 물의 끓는점은 해수면에서는 100도지만 산꼭대기에서는 더 낮다.

1. 압력을 나타내는 단위는 무엇일까?

2. 작용 면적이 좁을수록, 압력은 ____.

3. 압력은 물체의 ____를 바꿀 수 있다.

4. 에베레스트 꼭대기에서는 ____이 낮아진다.

5. 고온의 내핵이 ____ 상태를 유지하는 이유는
받는 압력이 강하기 때문이다.

단숨에 알아보기
압력과 작용 면적

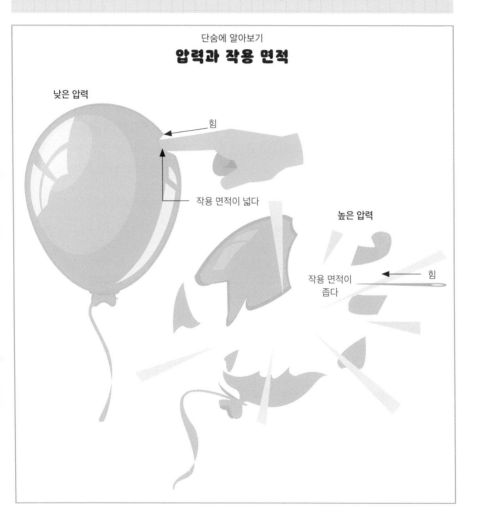

낮은 압력

힘

작용 면적이 넓다

높은 압력

작용 면적이
좁다

힘

5.9 자석

'자석 같은 성격의 소유자'라는 표현은 사람을 끌어당기는 매력이 있다는 뜻이다. 자석은 농담을 던지거나 아름다운 미소를 지을 수 없지만, 매력적인 사람과 마찬가지로 다른 물체를 끌어당긴다.

자기력은 물체를 이루는 원자의 전자가 한 방향으로 정렬하면서 발생하는 원격 작용이다. 자석은 자기장, 즉 자기력이 작용하는 공간을 형성한다. 자기장은 일부 금속 물체(코발트, 니켈, 철)와 다른 자석에 영향을 미치면서 밀거나 당긴다.

자석의 종류에는 말발굽자석, 막대자석, 원형자석 등이 있다. 자석마다 크기와 모양이 다르다. 형태는 제각각이지만 전부 N극과 S극이 있는데, 자기력이 가장 강한 부분이 바로 이 두 개의 극이다. 자석을 반으로 자르면 조각마다 N극과 S극이 생긴다. 각 극은 다른 자석의 극과 상호작용하며 인력과 척력을 형성한다.

 토막 상식
• 우주에서 가장 강한 자석은 '마그네타'라는 별이다. 마그네타의 자기장은 지구와 비교할 수 없을 정도로 강하다. 이 별에 가까이 접근하는 작은 행성이나 천체는 비틀리면서 찢겨 나간다.

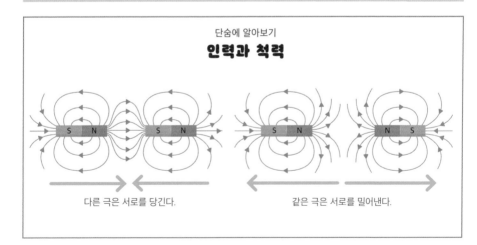

단숨에 알아보기
인력과 척력

다른 극은 서로를 당긴다.

같은 극은 서로를 밀어낸다.

달라야 끌린다

N극은 다른 자석의 S극을 끌어당긴다. 막대자석 두 개를 준비해서 다른 극끼리 마주보도록 놓으면 두 자석은 서로를 향해 움직이면서 붙는다. 반대로 같은 극끼리는 밀어낸다. 따라서 막대자석 하나를 돌려서 같은 극끼리 붙여놓으면 서로 멀어지려고 하는 모습을 볼 수 있다. 같은 극끼리 억지로 붙이기란 거의 불가능하다.

지구의 자기장

지구도 N극과 S극이 있는 거대한 자석이다.

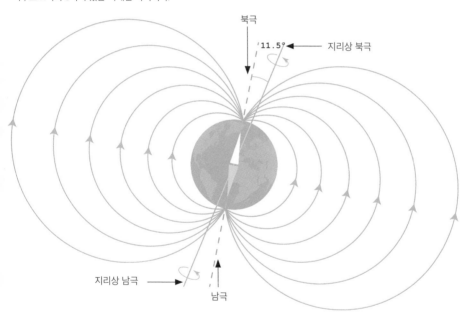

북극

11.5° ← 지리상 북극

지리상 남극 →

남극

┌─────────── **쪽지 시험** ───────────┐

1. 반대극은 서로를 밀어낸다 or 당긴다.

2. 자기력이 작용하는 방식은 무엇일까?

3. 우주에서 자기장이 가장 강한 별은 무엇일까?

힘과 운동

1. 힘은 두 가지 중 하나로 분류된다. 원격 작용과 ___이다.

A. 근적 작용

B. 근접 작용

C. 근점 작용

D. 근조 작용

2. 이 중 부력과 같은 것은 무엇일까?

A. 물체가 밀어낸 액체의 무게

B. 물체에 작용하는 중력의 세기

C. 물체의 부피

D. 액체의 부피

3. 진동 운동과 연관성이 없는 것은 무엇일까?

A. 시계추

B. 흔들의자

C. 톱

D. 그네

4. 스카이다이버가 낙하산을 펼 때 속도를 늦추는 힘은 무엇일까?

A. 공기 저항력

B. 중력

C. 부력

D. 비틀림

5. 압력을 계산하는 공식은 무엇일까?

A. 압력 = 힘 ÷ 면적

B. 압력 = 면적 ÷ 무게

C. 압력 = 힘 × 면적

D. 압력 = 힘 × 거리

6. 비탄성 변형이란 무엇일까?

A. 회복할 수 있는 형태 변화

B. 일시적으로 구부리는 힘

C. 꾸준하게 비트는 힘

D. 영구적인 형태 변화

7. 중력 이론을 발표한 사람은 누구일까?

A. 찰스 다윈

B. 로버트 훅

C. 아르키메데스

D. 아이작 뉴턴

8. 운동 제3법칙의 내용은 무엇일까?

A. 모든 인력에 반작용이 있다

B. 모든 작용에 크기가 같고 방향이 반대인 반작용이 있다

C. 모든 인력에 크기가 같고 방향이 반대인 척력이 있다

D. 모든 운동에 또 다른 운동이 있다

9. 자기력이 생기는 이유는 무엇일까?

A. 모든 원자가 다른 방향으로 정렬해서

B. 원자가 빠르게 진동해서

C. 모든 전자가 같은 방향으로 정렬해서

D. 전자가 천천히 움직여서

※ 정답은 210쪽에서 확인할 수 있어요.

5장

간단 요약

힘이란, 물체를 밀거나 당겨서 방향, 형태, 속도를 바꾸는 원인이다. 힘은 움직이는 물체의 방향이나 속도를 바꾸는 식으로 물체의 운동에 영향을 미칠 수 있다.

- 힘은 절대 홀로 존재하지 않으며 반드시 짝이 있다.
- 운동을 나타내는 요소는 거리, 속력, 속도, 가속도다.
- 아이작 뉴턴의 중력 이론은 우주의 모든 입자가 서로 잡아당기는 이유를 설명한다.
- 물체의 무게는 곧 받는 중력의 크기다.
- 마찰력은 물체의 이동 방향과 반대로 작용하며 속도를 줄이거나 아예 멈추게 만든다.
- 마찰력의 하나인 유체 저항, 즉 항력은 유체에서 이동하는 물체가 받는 저항력이다.
- 회전력은 물체가 축을 중심으로 회전하도록 만드는 힘이다. 비틀림은 비트는 힘을 받아 서로 다른 축을 기준으로 반대 방향으로 물체가 도는 현상이다.
- 회전력은 축 혹은 중심선이라는 고정된 지점을 중심으로 물체를 돌리는 근접 작용이다. 비틀림은 물체 일부가 저마다의 축을 기준으로 해 다른 방향으로 도는 현상이다.
- 늘어나고, 찌그러지고, 휘는 현상 모두 변형에 속한다. 물체의 형태를 바꾸는 힘이다.
- 부력이란, 액체 속의 물체를 중력 반대 방향으로 미는 힘이다.
- 힘이 작용하는 면적이 좁을수록 압력은 커진다.
- 자기력은 물체를 이루는 원자의 전자가 한 방향으로 정렬하면서 발생하는 원격 작용이다.

6
에너지와 전기

침대에서 일어나 불을 켜는 행동, 계단을 오르거나 이를 닦는 행동 등, 우리가 하는 모든 일은 에너지를 소모한다. 에너지에는 여러 종류가 있으며, 인간은 일부 에너지를 현대 생활의 동력원으로 활용한다.

이번 장에서 배우는 것

에너지의 종류	전기
에너지 이동	전기 회로
가열	가정의 전기
연소	재생 가능 에너지와 재생 불가능 에너지

6.1 에너지의 종류

에너지가 적으면 졸음이 쏟아지고, 에너지가 넘칠 때는 활발히 활동할 수 있다. 물리학에서 다루는 에너지 역시 비슷하다. 에너지란 물체가 일을 수행하는 능력이며, 단위는 보통 줄(J)이다.

토막 상식 • 원래 줄은 열을 나타내는 단위로 기호는 J이다. 열의 성질을 오랫동안 연구한 영국인 물리학자이자 수학자인 제임스 프레스콧 줄JAMES PRESCOTT JOULE의 이름을 땄다.

계(system)는 물질의 상호작용이 이루어지는 공간이며, 계 내부 에너지의 총합은 불변이다. 에너지가 이동하거나 형태를 바꿀 수는 있어도 새로 생기거나 아예 사라지는 일은 없다. 단지 계의 어딘가에 저장되거나 위치가 변할 뿐이다. 이를 '에너지 보존 법칙'이라고 한다.

에너지의 형태

- **운동에너지**: 움직이는 물체라면 전부 운동에너지가 있다. 원자부터 소행성까지 모두 마찬가지다. 거대하고 빠를수록 운동에너지가 크다.

- **위치에너지**: 물체가 위치로 인해 가지는 에너지다. 가파른 미끄럼틀에서 내려가려는 사람과 선반에서 떨어지려는 책 모두 위치에너지가 크다.

- **탄성에너지**: 물체를 일시적으로 늘리거나 찌그러뜨렸을 때, 물체는 원래 모습을 복구할 만큼의 에너지를 저장해둔다.

- **열에너지**: 물체가 뜨거울수록 열에너지가 크다.

- **빛에너지**: 전자기파가 전달하는 에너지다. 주로 태양에서 방출되지만, 조명에서도 방출된다. 뇌는 빛을 이용해 주변 세계를 인식한다.

- **소리에너지**: 매질을 타고 이동하며 소리를 내는 진동의 에너지다(42쪽 참고).

- **화학에너지**: 분자와 원자의 화학 결합으로 인해 보존되어 있는 에너지다.

- **핵에너지**: 원자가 분열할 때 방출하는 에너지다.

- **전기에너지**: 전자의 이동(120쪽 참고)으로 발생하는 에너지다. 번개를 내리치고 전선을 흐른다.

단숨에 알아보기
에너지의 종류

- 운동에너지
- 위치에너지
- 탄성에너지
- 열에너지
- 빛에너지
- 소리에너지
- 화학에너지
- 핵에너지
- 전기에너지

쪽지 시험

1. 일시적으로 늘어난 용수철에는 ___에너지가 적용된 것이다.

2. 에니지를 측정하는 난위는 무엇일까?

3. 머리 위로 들어 올린 물체에는 어떤 에너지가 적용될까?

4. 에너지가 _____ 일은 없다

6.2 에너지 이동

에너지는 새로 생기거나 사라지지 않는다. 단지 계를 돌아다닐 뿐이다. 에너지가 이동하거나 형태를 바꾸는 현상을 '에너지 이동'이라고 한다.

텔레비전을 켜면 전기에너지가 빛에너지와 소리에너지로 변한다. 소화계는 음식을 우리가 사용할 수 있는 에너지로 바꾼다. 선반에서 떨어지는 책의 위치에너지는 운동에너지로 탈바꿈한다.

에너지 이동의 종류

- **열에너지 이동**: 뜨거운 물체가 차가운 물체에 에너지 일부를 전달하여 데우는 현상이다.
- **전기에너지 이동**: 전기 회로가 닫혔을 때 전원에서 에너지가 흘러나오면서 다른 유용한 에너지로 변하는 현상이다.
- **역학에너지 이동**: 한 물체의 움직임으로 인해 다른 물체가 움직이는 상황이다. 역학 파동(30쪽 참고) 역시 역학에너지 이동에 속한다.
- **복사에너지 이동**: 전자기파(32쪽 참고)는 공기나 물 같은 매질 없이도 에너지를 전달할 수 있다.

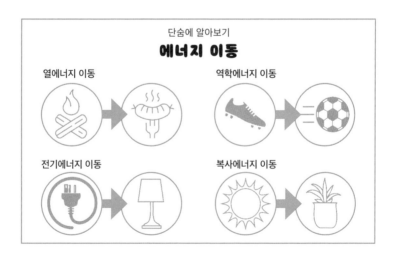

단숨에 알아보기

에너지 이동

열에너지 이동

역학에너지 이동

전기에너지 이동

복사에너지 이동

생키 다이어그램

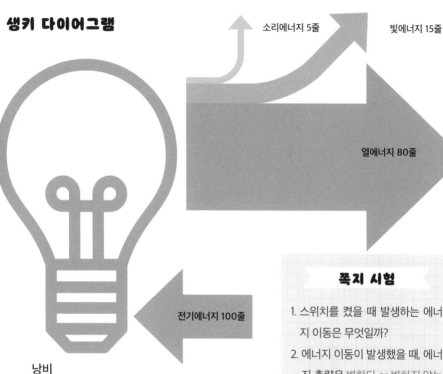

소리에너지 5줄

빛에너지 15줄

열에너지 80줄

전기에너지 100줄

폭지 시험

1. 스위치를 켰을 때 발생하는 에너지 이동은 무엇일까?
2. 에너지 이동이 발생했을 때, 에너지 총량은 변한다 or 변하지 않는다.
3. 에너지 흐름을 나타내는 다이어그램은 무엇일까?
4. 복사에너지는 이동할 때 ___이 필요 없다.

낭비

에너지 이동이 늘 효율적인 것은 아니다. 일부는 일을 수행하는 능력에 전혀 도움이 되지 않는 형태로 변하면서 낭비된다. 예를 들어 전구는 빛만 방출하는 것이 아니라 열도 뿜는다. 생키 다이어그램을 이용하면 물체가 에너지를 방출할 때 발생하는 모든 형태의 에너지 이동을 나타낼 수 있다. 회 살표의 폭은 해당 경로를 따라 흐르는 에너지의 양을 의미한다. 에너지의 경로가 얼마나 복잡하든 에너지 총합은 변하지 않는다.

6.3 가열

온도는 특정 물체가 얼마나 뜨겁고 차가운지 나타내는 기준이다. 온도라는 개념이 생기는 이유는 물체를 이루는 입자가 움직이고 진동하기 때문이다. 입자의 에너지가 많고 속도가 빠를수록 더 많은 에너지가 열로 변한다.

온도가 다른 두 물체가 가까이 있다고 가정하자. 에너지는 온도가 높은 물체에서 낮은 물체로 이동하는데, 이러한 이동을 거듭하다 보면 두 물체의 온도가 같아진다. 온도 차가 사라지면 두 물체는 '열평형(온도가 같은 상태)'에 도달하고 에너지 이동이 멈춘다. 이는 손난로의 원리와도 같다. 손난로는 우리에게 열을 전달하면서 천천히 식는다.

열 이동
열에너지는 전도, 대류, 복사를 통해 다른 물체로 이동한다. 전도는 물체가 서로 닿을 때 일어난다. 뜨거운 물체의 빠르게 움직이는 입자가 차가운 물체로 이동해 에

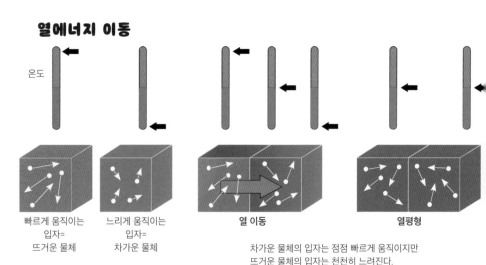

열에너지 이동

온도

빠르게 움직이는
입자=
뜨거운 물체

느리게 움직이는
입자=
차가운 물체

열 이동

열평형

차가운 물체의 입자는 점점 빠르게 움직이지만
뜨거운 물체의 입자는 천천히 느려진다.

너지를 전달하며 진동 속도를 높인다. 금속은 전도성이 유난히 좋다. 반면 전도성이 떨어지는 물질을 '부도체'라고 한다.

액체와 기체의 입자는 고체의 입자보다 자유롭게 움직인다. 에너지 넘치는 입자들이 에너지가 낮은 입자 쪽으로 이동하면 열이 따라온다. 이를 대류라고 한다. 대류는 지구 맨틀에서도 대류가 일어나는데 이로 인해 지각판이 움직인다(74쪽 참고).

세 번째 열 이동은 복사다. 전도나 대류와는 달리 입자가 움직이지 않아도 발생하며, 물체가 열을 적외선(32쪽 참고) 형태로 방출할 때 일어나는 현상이다. 물체는 뜨거울수록 적외선을 많이 내뿜는다. 태양열이 엄청난 거리를 가로질러 우리에게 도달하는 원리와도 같다.

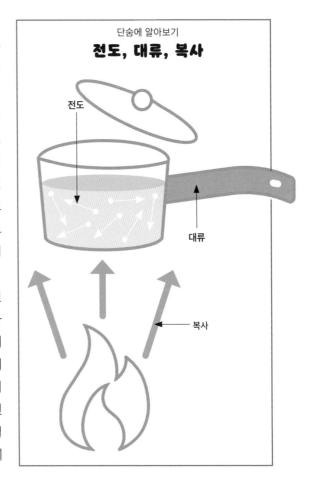

단숨에 알아보기
전도, 대류, 복사

전도

대류

복사

(74쪽 참고)
(32쪽 참고)

쪽지 시험

1. 물체의 입자가 빠를수록 온도가 낮다 or 높다.

2. 손난로가 우리 손을 따뜻하게 해주는 원리는 _____이다.

3. 에너지가 많은 입자가 액체로 이동할 때 발생하는 열 이동은 무엇일까?

6.4 연소

불이 타오르는 현상을 과학 용어로 '연소'라고 한다. 이는 물질이 산소와 반응해 가지고 있던 에너지를 빛에너지와 열에너지로 바꾸는 과정이다. 또한 열을 방출하는 반응은 '발열'이라고 부른다.

연소에는 연료, 산소, 열이 필요하다. 이 세 가지가 모여 연소 삼각형을 이루며, 셋 중 하나라도 빠지면 연소가 멈춘다. 촛불을 부는 상황을 생각해 보자. 숨을 빠르게 내쉬면 심지 주변의 뜨거운 기체가 날리며 열이 사라지고 불이 꺼진다. 소방관은 물과 소화기를 사용해서 온도를 낮추거나, 모래 또는 방화 담요를 덮어 산소를 제거해 불을 끈다. 아직 타지 않은 연료를 치울 때도 있다. 이처럼 산소는 연소가 일어날 때 꼭 필요한 요소이며 연소 방식에 영향을 미친다. 연소는 산소량에 따라 완전연소와 불완전연소 두 가지의 형태를 띤다.

완전연소
반응할 산소가 충분할 때 물질은 완전연소한다. 완전연소는 빛과 열뿐 아니라 이산화탄소와 수증기를 생성한다. 이때 불은 밝은 파란색을 띤다.

토막 상식

• 가끔 별 이유 없이 사람이 불타는 사건이 발생한다. 이러한 현상을 '인체자연발화'라고 한다. 일부는 체내 에너지가 원인이라고 믿지만, 피해자 대부분이 완전히 타버리므로 진짜 이유가 무엇인지 추측해 볼 수 있는 사례를 찾기 어렵다.

연소 삼각형

열 산소

연료

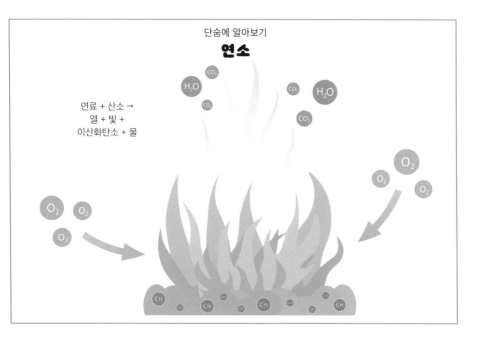

단숨에 알아보기

연소

연료 + 산소 →
열 + 빛 +
이산화탄소 + 물

불완전연소

산소가 부족하면 완전연소 대신 불완전연소가 일어난다. 불완전연소 역시 이산화탄소와 수증기를 생성하지만, 일산화탄소와 탄소를 만든다는 점에서 완전연소와 다르다.

작은 탄소 입자는 불완전연소의 결과물이자 연료의 성분이며, 불꽃을 주황색으로 만든다. 일산화탄소는 무색무취의 유독성 기체다. 간혹 망가진 난방기구에서 불완전연소가 발생해 일산화탄소를 뿜어낼 때가 있다. 일산화탄소를 마시면 잠이 쏟아지고, 오래 노출되면 목숨이 위태롭다. 따라서 집에 일산화탄소 경보기를 설치해 둘 필요가 있다.

쪽지 시험

1. 완전연소의 결과물은 무엇일까?

2. 촛불을 불 때 연소 삼각형에서 사라지는 요소는 무엇일까?

3. 열을 내뿜는 반응을 무엇이라 부를까?

4. 일산화탄소의 존재를 알아차리기 힘든 이유는 ___과 ___가 없기 때문이다.

6.5 전기

원자는 아주 작아서 동전 한 닢에도 엄청나게 많은 원자가 있다. 전자는 원자 바깥을 돌아다니는데, 이를 원자 한복판에 있는 양성자가 전자를 끌어당겨 달아나지 못하게 막는다. 하지만 일부 원소의 전자는 탈출해 다른 원자에 자리를 잡는다. 이런 일이 생기면 전자를 잃은 원자는 '양의 전하'를 띤다.

많은 전자가 원자에서 원자로 이동하며 같은 방향으로 움직이면 전기라는 에너지 흐름이 발생한다.

전류, 전압, 전원

전하는 장소에서 장소로 흐른다. 전류는 전원이 있고 회로가 완전히 닫혀야 흐를 수 있으며, 단위는 암페어(A)이다. 이는 특정 지점을 1초 동안 통과하는 전류량을 기준으로 한다.

풍선을 옷에 문질렀다가 머리 주변에 대면 머리카락이 풍선에 붙는다. 이 현상은 바로 정전기다. 정전기는 물체끼리 부딪칠 때 축적된다.

전도체

전자

물

전기는 호스를 따라 흐르는 물처럼 전도체를 따라 이동한다.

토막 상식

• 일부 동물은 전기를 생산하거나 감지할 수 있다. 전기뱀장어는 장기에서 전류를 만들어 먹이를 기절시킨다.

전압은 전자를 흐르게 하는 힘이다. 단위는 볼트(V)이며, 회로의 두 지점 사이 전하 차이로 계산한다. 전기는 전압이 높은 곳(예를 들어 배터리)에서 낮은 곳으로 이동한다. 회로의 전력은 와트(W)로 나타낸다. 전류에 전압을 곱하면 구할 수 있다.

도체와 부도체

구리 같은 금속은 전선을 만드는 데 적합한 도체다. 전자가 강하게 묶이지 않아 다른 원자로 쉽게 이동할 수 있기 때문이다. 반면 고무나 플라스틱 같은 부도체는 저항이 강해 전류가 흐를 수 없다. 따라서 전선이나 부품을 덮는 데 사용된다.

단숨에 알아보기
도체와 부도체

전기 도체

구리　철　금　은

전기 부도체

유리　나무　고무　플라스틱

쪽지 시험

1. 전류의 단위는 무엇일까?

2. 에너지는 전압이 _ 곳에서 _ 곳으로 이동한다.

3. 천은 도체일까 부노제일까?

4. 부도체는 ___이 높다.

6.6 전기 회로

우리는 조명, 컴퓨터, 전자레인지를 켤 때마다 전기 회로를 제어하고 있다. 회로는 사용하려는 물체에 전류를 흘려 작동에 필요한 전력을 공급하는 역할을 한다.

전류는 전압이 높은 전원에서 시작해 전압이 낮은 쪽으로 회로를 타고 흐르며, 전기 부품과 상호작용한다. 에너지는 닫힌 회로에서만 흐른다. 만약 열린 회로라면 전류가 막다른 곳에 가로막혀 진행하지 못한다. 또한 모든 회로는 전선과 전원을 갖춰야 제대로 기능한다. 나머지 구성 요소는 회로의 목적에 따라 필요성이 다르다.

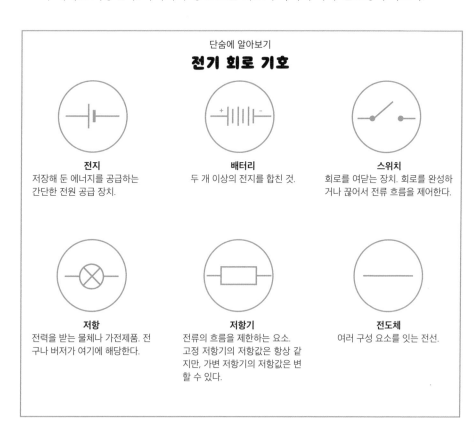

단숨에 알아보기
전기 회로 기호

전지
저장해 둔 에너지를 공급하는 간단한 전원 공급 장치.

배터리
두 개 이상의 전지를 합친 것.

스위치
회로를 여닫는 장치. 회로를 완성하거나 끊어서 전류 흐름을 제어한다.

저항
전력을 받는 물체나 가전제품. 전구나 버저가 여기에 해당한다.

저항기
전류의 흐름을 제한하는 요소. 고정 저항기의 저항값은 항상 같지만, 가변 저항기의 저항값은 변할 수 있다.

전도체
여러 구성 요소를 잇는 전선.

직렬회로와 병렬회로

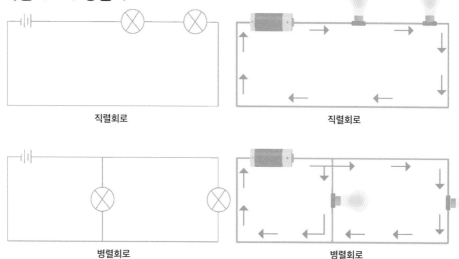

직렬회로

직렬회로

병렬회로

병렬회로

연결

회로를 잇는 방법은 두 가지다. 직렬회로는 모든 구성 요소가 하나의 간단한 경로로 이어진다. 전류가 흐를 길은 하나밖에 없다. 하지만 병렬회로는 전기가 흐르는 길이 여러 가지다. 따라서 구성 요소가 많을 때는 병렬회로를 사용한다. 병렬회로에서는 길 하나가 망가져도 멀쩡한 다른 경로로 전류를 보낼 수 있으므로 일부 구성 요소는 계속 작동한다.

쪽지 시험

1. 전선을 부도체로 감싸는 이유는 무엇일까?
2. 전선은 회로의 여러 구성 요소를 잇는다 or 막는다.
3. 저항의 예시에는 무엇이 있을까?
4. 경로가 여러 가지인 회로는 무엇일까?

6.7 전기가 집으로 오기까지

가전제품이 작동할 수 있게 하는 전기는 어디서 왔을까? 엄청나게 많은 전자가 발전기에서 게임기까지 호스 속의 물처럼 흐르는 모습을 떠올려 보자.

발전소는 전기를 생산하는 공장이다. 바람, 석유, 석탄 같은 원료로 발전기를 가동하면 자석이 빙빙 돌아가며 전기장을 형성한다. 이때 원자의 전자를 끌어당기는 과정에서 전선을 따라 전자가 흐른다.

발전기에서 나온 전류는 전선을 타고 승압 변압기로 향한다. 승압 변압기는 전압을 높이고 전류를 낮추어 전기를 멀리 보낼 수 있는 상태로 만든다. 송전선은 전기를 머나먼 곳까지 수송한다.

집 근처에 도달한 전기는 감압 변압기를 만난다. 감압 변압기는 전압을 낮추고 전류를 높여 전선을 타고 흐를 수 있도록 만든다. 송전선은 배전선으로 갈려 전기를 싣고 가정으로 향한다. 작은 변압기는 전압을 떨어뜨려 안전한 수준으로 다듬는다. 준비된 전기는 전선을 타고 각 가정의 회로로 향한다.

전기는 생산 과정에 돈이 많이 들 뿐만 아니라 화석 연료로 발전했을 경우 환경오염이 발생한다. 그러니 생활에서 전기를 아끼도록 하자.

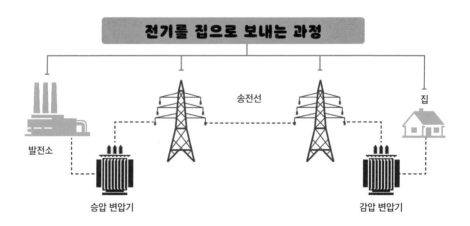

전기를 집으로 보내는 과정

송전선   집

발전소

승압 변압기   감압 변압기

전기 절약

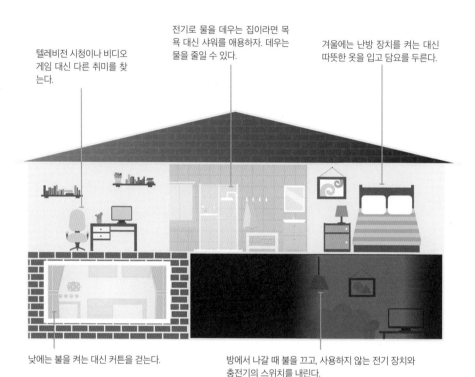

텔레비전 시청이나 비디오 게임 대신 다른 취미를 찾는다.

전기로 물을 데우는 집이라면 목욕 대신 샤워를 애용하자. 데우는 물을 줄일 수 있다.

겨울에는 난방 장치를 켜는 대신 따뜻한 옷을 입고 담요를 두른다.

낮에는 불을 켜는 대신 커튼을 걷는다.

방에서 나갈 때 불을 끄고, 사용하지 않는 전기 장치와 충전기의 스위치를 내린다.

쪽지 시험

1. 전기를 만드는 장비는 무엇일까?

2. 외출 시 전기 절약을 위해 할 일은 무엇일까?

3. 전압을 높이는 변압기는 무엇일까?

4. 전기를 집으로 보내기 전에 전압을 낮추는 이유는 무엇일까?

6.8 재생 가능 에너지와 재생 불가능 에너지

우리는 에너지를 생산하기 위해 다양한 자원을 소모한다. 에너지원은 재생 가능 에너지원과 재생 불가능 에너지원으로 분류된다. 재생 가능 에너지원은 기존 화석 에너지원을 대체하며 무한하게 사용할 수 있다. 하지만 재생 불가능 에너지원은 쓸수록 고갈된다.

재생 불가능 에너지

우리가 사용하는 많은 에너지가 석탄, 석유, 천연가스 같은 화석 연료를 태우는 과정에서 탄생한다. 화석 연료는 먼 옛날 지구에 살던 동식물의 잔해에서 만들어진다. 인간은 화석 연료를 땅에서 파내 사용한다. 이는 유한할 뿐 아니라, 타면서 오염을 유발한다.

핵에너지는 원자 안에 있는 힘으로, 원자가 형태를 유지하는 근간이다. 과학자들은 원자를 쪼개 내부 에너지를 전부 방출하게 만드는 방법, 즉 핵 발전을 연구했다. 핵 발전소는 엄청나게 많은 원자(보통 우라늄과 플루토늄 원자)를 부수어 열에너지를 얻는 곳이다. 열은 물을 데워 수증기로 바꾸고, 수증기는 터빈을 돌려 전기를 생산한다. 핵분열이 끝나면 위험한 방사성 물질이 남는다.

재생 가능 에너지

신기술을 개발하면서 새로운 재생 가능 에너지원이 계속 등장하고 있다.

- **태양력:** 땅이나 건물 지붕에 태양 전지판을 설치하고 태양 빛을 모아 전력으로 바꾼다.
- **파력:** 파력 발전기로 파도의 힘을 저장한다.
- **풍력:** 바람이 불면 돌아가는 터빈을 세워 발전기를 가동한다.
- **수력:** 댐에 물을 모았다가 강이나 호수로 방류하면서 운동에너지로 발전한다.
- **지력:** 지구 깊은 곳에서 올라오는 뜨거운 물과 수증기로 터빈을 돌린다.

단숨에 알아보기

재생 가능 에너지와 재생 불가능 에너지

재생 불가능 에너지

석탄

석유

천연가스

핵에너지

재생 가능 에너지

태양력

파력

풍력

수력

지력

쪽지 시험

1. 화석 연료의 정체는 무엇일까?

2. 댐에서 이용하는 에너지는 무엇일까?

3. 핵에너지를 만들기 위해서는 많은 원자를 쪼 개야 한다. 이때 쪼개는 것은 어떤 원자일까?

에너지와 전기

1. 한 물체가 다른 물체를 움직이게 만들었을 때 이동하는 에너지는 무엇일까?

A. 전기에너지

B. 열에너지

C. 복사에너지

D. 역학에너지

2. 분자와 원자 사이의 반응으로 얻는 에너지는 무엇일까?

A. 화학에너지

B. 핵에너지

C. 위치에너지

D. 전기에너지

3. 뜨거운 물체는 _____ 상태가 될 때까지 차가운 물체에 열을 전달한다.

A. 열균형

B. 열평형

C. 열불안정

D. 열불균형

4. 발화 삼각형의 세 요소는 무엇일까?

A. 연료, 불, 산소

B. 공기, 나무, 열

C. 성냥, 연료, 공기

D. 산소, 연료, 열

5. 태양이 우리에게 주는 열은 어떤 작용을 할까?

A. 대류

B. 복사

C. 전도

D. 반경

6. 재생 가능한 에너지원이 아닌 것은 무엇일까?

A. 석탄

B. 바람

C. 물

D. 태양

7. _____가 이동하면 전류가 발생한다.

A. 배터리

B. 원자

C. 전선

D. 전자

8. 완전연소는 __ 불이 타오른다.

A. 노란색

B. 파란색

C. 주황색

D. 초록색

9. 전류가 흐르는 경로가 하나인 회로는 무엇일까?

A. 병렬회로

B. 단순회로

C. 직렬회로

D. 부분회로

10. 전기를 아끼는 방법이 아닌 것은 무엇일까?

A. 난방기구를 강하게 가동하는 대신 스웨터를 입는다

B. 옷을 건조기에 넣는 대신 밖에 널어서 말린다

C. 음식을 꺼낸 뒤에도 냉장고 문을 닫지 않는다

D. 사용하지 않는 전자기기의 전원을 끈다

※ 정답은 210쪽에서 확인할 수 있어요.

6장

간단 요약

에너지에는 여러 종류가 있으며, 인간은 일부 에너지를 현대 생활의 동력원으로 활용한다.

- 에너지가 계에서 이동하거나 형태를 바꿀 수는 있어도 새로 생기거나 아예 사라지는 일은 없다.

- 에너지가 이동하거나 형태를 바꾸는 현상을 에너지 이동이라고 한다.

- 열에너지는 전도, 대류, 복사를 통해 다른 물체로 이동한다.

- 연료, 산소, 열은 연소의 삼각형을 이룬다.

- 반응할 산소가 충분할 때, 물질은 완전연소한다. 산소가 부족하면 완전연소 대신 불완전연소가 일어난다.

- 전자가 이동하면 전류가 발생한다.

- 전류는 전압이 높은 전원에서 시작해 전압이 낮은 쪽으로 회로를 타고 흐르며 전기 부품과 상호작용한다.

- 발전기는 바람, 석유, 석탄 같은 에너지원을 이용해 자석을 돌린다. 빙빙 도는 자석이 전기장을 형성하며, 원자의 전자를 끌어당기는 과정에서 전선을 따라 전자가 흐르고 각 가정의 집에 전기가 공급된다.

- 재생 가능 에너지원은 기존 화석 에너지원을 대체하며 무한하게 사용할 수 있다. 하지만 재생 불가능 에너지원은 쓸수록 고갈된다.

7

상태 변화

따뜻한 여름날의 호수와 추운 겨울날의 호수를 생각해 보자. 분명히 같은 호수지만 시기에 따라 수영하기에 좋을 때가 있고 스케이트를 타기 적합할 때가 있다. 호수가 얼거나 녹는 이유가 무엇일까?

이번 장에서 배우는 것

고체	비등
액체	증발
기체	응축
밀도	승화와 증차
확산	혼합물과 용액
응고과 융해	

7.1 고체, 액체, 기체

물질은 주변 환경에 따라 여러 형태로 존재한다. 지구의 물질은 대부분 고체, 액체, 기체 세 가지 형태 중 하나다. 상태마다 독특한 성질이 있다.

고체

입자가 가지런하고 빽빽하게 늘어서면 고체가 된다. 입자는 제자리에서 진동할 수는 있으나 결합이 강력한 탓에 대열을 벗어날 수는 없다. 덕분에 고체는 형태가 변하거나 흐르지 않는다. 자르거나 조각할 수 있어도 대부분 압축할 수는 없다.

액체

액체의 입자는 서로 가까이 붙어 있지만 배열이 흐트러진 상태이며, 고체보다 결

물질의 세 가지 상태

고체
형태 일정함, 부피 일정함, 입자 간격 가까움, 쉽게 흐르지 않음

액체
형태 일정하지 않음, 부피 일정함, 입자 간격 가까움, 쉽게 흐름

기체
형태 일정하지 않음, 부피 일정하지 않음, 입자 간격 멂, 쉽게 흐름

토막 상식
• 용기 안의 기체 입자가 다양한 방향으로 이동하면서 서로 부딪히거나 벽에 충돌하며 압력이 생긴다. 기체의 온도가 오르면 입자의 에너지는 빠르고 강해지며, 벽을 더욱 자주 들이받으며 압력도 세진다.

합력이 약하다. 따라서 자유로이 움직일 수 있다. 액체에 흐르는 성질이 있고 담는 용기에 따라 형태가 바뀌는 이유다. 액체는 형태를 바꾸기는 하지만, 차지하는 공간은 일정해 압축할 수 없다.

기체

기체 입자는 넓은 공간에 무작위로 분포한다. 다시 말해, 흐르는 것은 물론이고 팽창과 압축도 가능하다는 뜻이다. 밀폐하지 않는 이상 거의 모든 기체는 용기에서 쉽게 빠져나가 공기 중에 섞일 수 있다. 또한 눈에 보이지 않는 기체도 많다. 여러가지 기체가 지구 대기를 이루고 있지만(72쪽 참고), 우리는 그것을 맨눈으로 볼 수 없다.

고체일까 액체일까?

모래나 설탕은 고체일까 액체일까? 둘 다 높은 곳에서 낮은 곳으로 흐르며, 용기에 따라 형태를 바꾸는 액체의 특성이 있다. 하지만 모래와 설탕은 고체 알갱이다. 설탕과 모래 알갱이는 여러 줄로 빽빽하게 늘어선 입자의 집합이며, 형태가 변하지 않는다. 하지만 용기가 바뀔 때마다 알갱이끼리 부딪히면서 흐르는 것처럼 보인다.

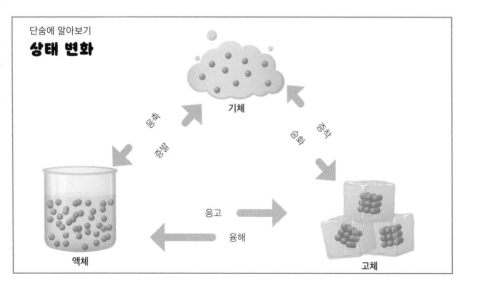

단숨에 알아보기
상태 변화

기체

응결

증발

승화

증착

응고

융해

액체

고체

7.2 밀도

한 손에는 물이 가득한 컵을, 다른 손에는 공기가 가득한 컵을 들고 있다고 상상해 보자. 두 컵에는 물과 공기가 똑같은 부피로 들어있지만, 물이 든 컵이 훨씬 무겁다. 물과 공기의 밀도가 다르기 때문이다.

밀도란, 특정 공간에 들어찬 물질의 양이다. 밀도가 높을수록 크기에 비해 무겁게 느껴진다. 밀도를 구하는 식은 다음과 같다.

밀도

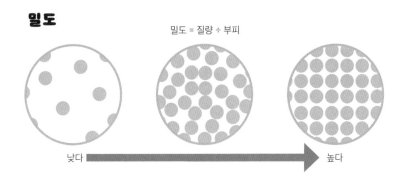

밀도 = 질량 ÷ 부피

낮다 ⟶ 높다

밀도의 단위는 질량과 부피의 단위에 따라 달라진다. 예를 들어 고무공의 밀도는 g/m^3로 나타낸다. 하지만 떡갈나무의 밀도는 킬로그램 혹은 t/m^3로 나타내는 편이 훨씬 낫다.

보통 고체의 입자는 빽빽하게 늘어서므로 밀도가 높다. 액체의 입자 역시 비슷하다. 하지만 기체는 입자 간격이 넓어 밀도가 낮다. 바람이 불 때 공기가 느껴지는 이유가 여기에 있다.

> **토막 상식** • 밀도는 압력(104쪽 참고)과 온도의 영향을 받는다. 물질이나 재료가 압력을 강하게 받으면 입자는 강제로 가까이 붙는다. 질량은 그대로지만 부피는 감소하는 셈이다. 온도가 낮아지면 입자의 속도가 느려지며 마찬가지로 입자 간격이 줄어든다.

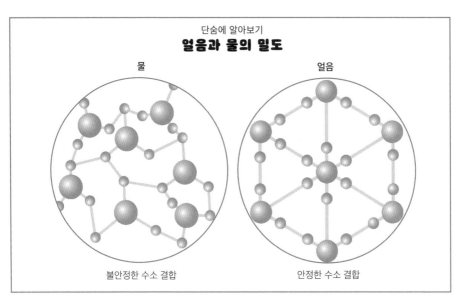

단숨에 알아보기

얼음과 물의 밀도

물

얼음

불안정한 수소 결합

안정한 수소 결합

물의 특이성

물은 다른 물질과 마찬가지로 기체 상태일 때의 밀도가 가장 낮은데, 특이하게도 고체 상태일 때는 액체 상태보다 밀도가 낮다. 이런 특징이 나타나는 이유는 산소 원자와 수소 원자 사이에 일어나는 수소 결합 때문이다. 물이 액체일 때의 분자 에너지는 상당히 크다. 따라서 분자는 결합을 재형성하며 자유롭게 움직인다. 하지만 물의 온도를 낮추면 결합이 강해져 깨기 어려워진다. 이때 물 분자는 서로 가까이 붙으며 질서정연하게 정렬한다. 이 과정에서 부피는 거의 10퍼센트까지 증가하고 밀도는 감소한다. 차가운 음료에 넣은 얼음과 바다에 빙산이 떠있는 이유다.

쪽지 시험

1. 밀도를 계산하는 방법은 방법은 무엇일까?

2. 기체, 고체, 액체 중 가장 밀도가 낮은 상태는 언제일까?

3. 밀도는 ___와 ___의 영향을 받는다.

4. 물이 얼음으로 변할 때 분자 간격이 벌어지는 이유는 무엇일까?

5. 기름과 물 중 밀도가 더 높은 것은 무엇일까?

7.3 확산

누군가 부엌에서 요리를 하면 부엌에 있지 않아도 냄새를 맡을 수 있다. 멀리서도 냄새를 맡을 수 있는 이유는 확산 덕분이다.

액체와 기체의 입자는 자유롭다. 서로 충돌하고 방향을 바꾸다 보면 입자가 용기나 방 전체로 퍼진다. 하지만 고체에서는 확산이 일어나지 않는다. 입자가 움직이는 대신 제자리에서 진동할 뿐이기 때문이다.

물질은 밀도가 높은(같은 종류의 입자가 많은) 곳에서 낮은(같은 종류의 입자가 적은) 곳으로 이동한다. 화학물질의 입자는 공기와 섞이면서 흩어진다. 처음 풀려난 밀도가 높은 장소에서 밀도가 낮은 장소로 향하는 식이다. 입자는 공간 전체에 골고루 섞일 때까지 움직인다.

액체는 기체보다 확산이 느리다. 입자가 기체만큼 빠르게 움직이지 않기 때문이다. 그래도 시간이 지나면 기체와 똑같은 확산 과정이 일어나며 액체 입자가 퍼진다. 오렌지 주스나 포도 주스를 물에 부으면 색이 진한 액체가 물과 섞이면서 균일한 색

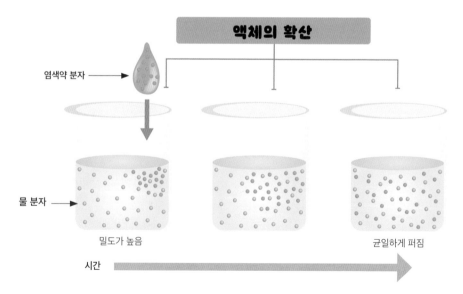

액체의 확산

염색약 분자 →

물 분자 →

밀도가 높음   균일하게 퍼짐

시간

으로 변하는 모습을 볼 수 있다.

체내의 확산

숨을 들이마시면 공기가 폐(194쪽 참고)로 들어간다. 폐에 입장한 산소는 허파꽈리라는 작은 공기주머니에서 혈액으로 넘어간 다음, 세포로 향한다. 이산화탄소는 반대로 확산한다. 산소나 다른 유용한 성분은 세포벽을 통과해 세포 가운데로 들어갈 수 있지만, 다른 물질은 그럴 수 없다.

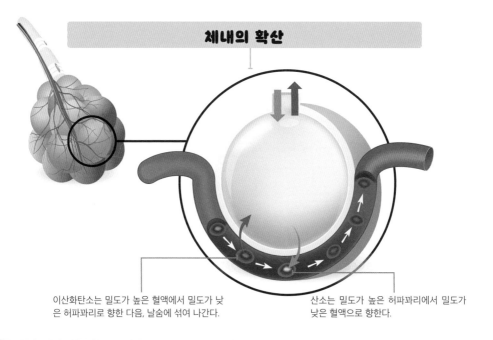

체내의 확산

이산화탄소는 밀도가 높은 혈액에서 밀도가 낮은 허파꽈리로 향한 다음, 날숨에 섞여 나간다.

산소는 밀도가 높은 허파꽈리에서 밀도가 낮은 혈액으로 향한다.

쪽지 시험

1. 고체 상태에서 확산이 발생하지 않는 이유는 무엇일까?

2. 확산의 방향은 밀도가 ___ 곳에서 ___ 곳이다.

3. 확산이란 무엇일까?

7.4 응고와 융해

물과 얼음을 이루는 분자는 전혀 다르지 않다. 얼음은 단지 온도가 낮아 다른 상태에 있을 뿐이다. 물질은 액체에서 고체로, 그리고 고체에서 액체로 변할 수 있다. 이러한 현상을 각각 '응고'와 '융해'라고 한다.

앞에서 다루었듯 고체의 입자는 결합력이 강하며 구조가 균일하다. 고체의 온도를 높이면 입자가 점점 빠르게 진동하다가 어느 순간 결합을 깨고 주위를 더 자유롭게 돌아다닐 에너지를 얻는다. 고체가 액체로 변하는 온도를 '융해점'이라고 한다.

액체가 식으면 열에너지를 잃는다. 또한 분자의 속도가 느려지며 돌아다니는 반경이 줄어들다가 결국 응고점(융해점과 같은 온도)에 도달하면 입자가 반듯하게 늘어서며 고체로 변한다.

물질마다 융해점과 응고점이 다르다. 물은 온도가 0도보다 낮으면 얼고, 높으면 녹는다. 온도계를 만들 때 사용하는 수은은 −38.8도부터 액체 상태지만, 금은 1,064도까지 온도를 높여야 녹는다.

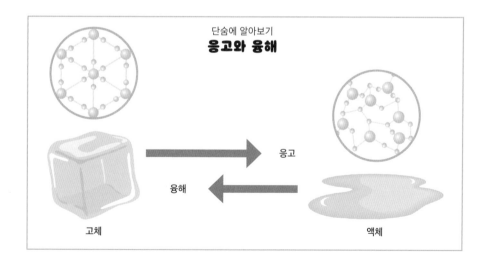

단숨에 알아보기
응고와 융해

응고

융해

고체

액체

• 물이 얼고 녹는 현상은 가역 변화에 속한다. 액체에서 고체로, 다시 고체에서 액체로 계속 변할 수 있다는 뜻이다. 비가역 변화는 원래대로 돌아가지 못하는 변화다. 케이크를 굽는 작업이 여기에 해당한다. 화학 반응이 이미 일어난 이상 재료를 다시 분리하는 일은 불가능하다.

물질이 액체 상태와 고체 상태를 오갈 때, 양이 늘거나 줄지 않는 이상 질량은 불변이다. 물 한 병의 무게를 잰 다음 그대로 틀에 부어서 얼린다고 생각해 보자. 이후 얼음을 모두 모으면 처음 측정한 물 한 병의 무게와 같다.

융해점

초는 심지가 타면서 녹는다. 하지만 구리 촛대는 녹지 않는다. 구리는 밀랍보다 녹는 점이 훨씬 높기 때문이다.

쪽지 시험

1. 물의 융해점은 몇 도일까?
2. 온도가 낮아질 때 입자에 생기는 변화는 무엇일까?
3. 물체가 녹을 때 질량에는 어떤 변화가 있을까? YES or NO
4. 비가역 변화란 무엇일까?
5. 실온에서 수은의 상태는 무엇일까? 기체 or 고체 or 액체

7.5 비등, 증발, 응축

물을 가열하면 수증기가 피어오른다. 이처럼 액체가 기체로 변하는 현상을 '비등'이라고 한다. 수증기가 차가운 창문과 만나면 물방울이 생긴다. 이러한 변화는 '응축'이라고 부른다.

비등

액체는 가열하면 특정 온도에서 기체로 변한다. 분자가 에너지를 얻으면서 약한 결합을 깨기 때문이다. 이를 '비등' 혹은 '기화'라고 부르며 액체가 기체로 변하는 온도를 '비등점'이라고 한다. 표준 대기압에서 물의 비등점은 100도다.

토막 상식

• 사람은 더우면 땀을 흘린다. 땀샘에서 분비한 땀은 피부 위에 고인다. 땀방울은 몸의 열을 빼앗아 증발하면서 체온을 낮춘다. 포유류는 보통 땀을 많이 흘리지 않는다. 사람만큼 땀을 흘리는 동물은 영장류와 말 정도밖에 없다.

증발

가끔 표면에 있는 물만 수증기로 변할 때가 있다. 이를 '증발'이라고 한다. 증발은 비등보다 낮은 온도에서도 일어난다. 바다를 끓이려면 엄청난 에너지가 필요하지만, 공기에 있는 고에너지 입자는 바다 표면에 있는 물을 기체로 쉽게 바꿀 수 있다. 바닷물과 웅덩이의 물이 구름을 형성하게 되는(82쪽 참고) 이유다. 태양이 방출하는 빛은 수표면을 이루는 얇은 층의 분자에게 에너지를 가해 증기로 만든다.

응축

기체는 온도가 낮아지면 액체로 변한다. 이를 '응축'이라고 부른다. 날이 추워지거나 주변 온도가 낮아지면 응축이 일어난다. 또한 기체 입자가 차가운 표면과 충돌하면서 갑작스럽게 냉각되어도 응축이 발생한다. 이것이 창문과 벽에 물방울이 생기는 원리다.

추운 곳에서는 입김을 볼 수 있다. 입김이 생기는 이유는 우리가 내쉬는 숨에 수증기가 포함되어 있기 때문이다. 차가운 공기와 만난 수증기는 곧바로 응축해 물방울로 변하면서 김을 형성한다. 물방울 일부는 얼어붙으며 작은 얼음 결정을 만든다.

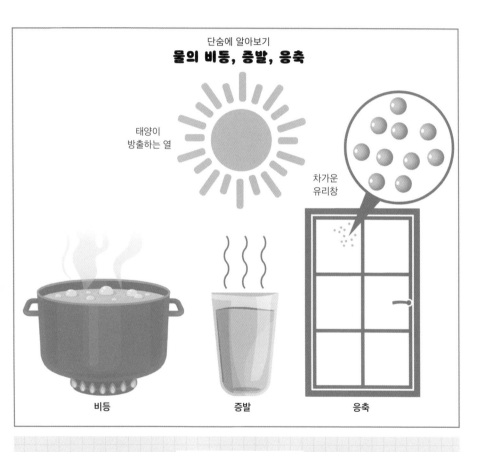

단숨에 알아보기

물의 비등, 증발, 응축

태양이
방출하는 열

차가운
유리창

비등   증발   응축

쪽지 시험

1. 비등의 다른 이름은 무엇일까?

2. 액체에서 증발이 일어나는 곳은 어디일까?

3. 표준 대기압에서 물의 비등점은 몇 도일까?

4. 땀을 흘릴 때 일어나는 상태 변화는 무엇일까?

|7.6 승화와 증착

물질은 보통 고체에서 액체로, 그리고 액체에서 기체로 변한다. 하지만 특정 상황에서는 액체 단계 없이 고체에서 기체로, 혹은 기체에서 고체로 상태를 바꾼다. 이러한 변화를 '승화'와 '증착'이라고 한다.

승화

압력은 물질과 상태에 큰 영향을 미친다. 지구의 내핵은 굉장히 뜨겁지만 녹거나 끓지 않는다. 내핵을 둘러싼 무거운 층이 압력을 가하면서 원자 간 간격을 가까이 붙이기 때문이다. 높은 산은 해안 지대보다 대기압이 낮다. 대기압과 습도가 낮은 환경(수증기가 별로 없는 건조한 환경)에서 눈과 얼음이 강한 햇빛과 바람을 맞으면 녹지 않고 바로 수증기로 변하는데, 조건이 까다로운 탓에 에베레스트산을 제외하면 볼 수 없는 광경이다.

토막 상식

• 드라이아이스는 고체 상태의 이산화탄소다. 이산화탄소는 -78.5도에서 고체로 변한다. 따라서 드라이아이스는 보랭에 자주 쓰인다. 드라이아이스가 열을 받으면 바로 이산화탄소로 승화하는데, 마술이나 영화에서 볼 수 있는 안개의 정체가 바로 이것이다.

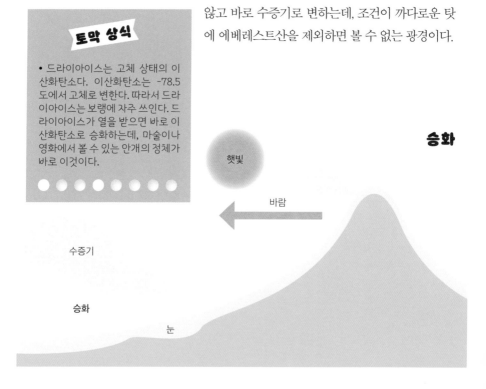

햇빛

승화

바람

수증기

승화

눈

증착

증착은 승화의 반대 개념으로, 기체가 곧바로 고체로 변하는 현상을 뜻한다. 겨울철 기온이 낮은 지역에서 증착 현상을 구경할 수 있다. 추운 밤에 잎이나 창문에 내리는 서리가 대표적인 증착 현상의 예시이다. 서리가 맺히려면 공기 중의 수증기가 식으면서 응고점보다 차가워지되, 기체 상태를 유지해야 한다. 수증기 분자가 차가운 물체에 부딪힐 때, 수증기는 기체에서 곧장 고체 상태로 변하며 얇은 얼음 결정을 형성한다.

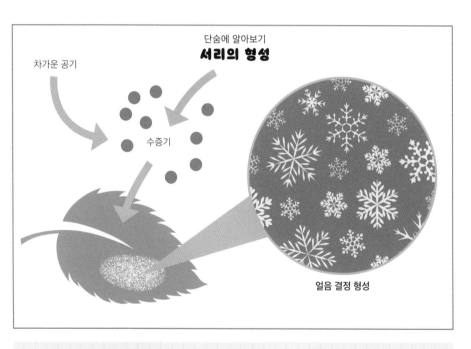

단숨에 알아보기
서리의 형성

차가운 공기

수증기

얼음 결정 형성

쪽지 시험

1. 승화 작용을 볼 수 있는 곳은 어디일까?

2. 승화와 증착은 ___ 상태를 건너뛴다.

3. 안개 효과를 내기 위해 사용하는 것은 무엇

일까?

4. 서리가 맺힐 때 발생하는 상태 변화는 무엇일

까?

7.7 혼합물과 용액

혼합물은 생성될 때 화학 반응을 동반하지 않는다. 모래를 물에 붓는다고 원자 배열이 바뀌거나 새로운 물질이 생기지는 않는다. 모래는 여전히 모래이고, 물은 그대로 물이다. 분자만 섞여 흩어질 뿐이다. 화학 반응과는 달리 혼합물을 이루는 물질은 다시 분리할 수 있다.

혼합물과 용액

물+모래

혼합물
서로 다른 물질을 쉽게 식별할 수 있다. 반드시 균일하게 섞이지는 않는다. 체나 거름종이로 분리할 수 있다.

물+소금

용액
서로 다른 물질을 식별할 수 없다. 균일하게 섞인다. 체나 거름종이로 분리할 수 없다.

모든 물질을 섞을 수는 없다. 합쳐지지 않는 물질도 있기 때문이다. 물과 레몬 주스는 섞이지만, 물과 기름은 아무리 휘저어도 결국 두 층으로 분리된다.

용액

설탕을 물에 넣으면 설탕이 사라지는 것처럼 보인다. 하지만 설탕은 사라지지 않는다. 대신 녹으면서 물을 달콤한 설탕 용액으로 만든다. 용액에서 녹는 물질을 '용질', 녹이는 물질을 '용매'라고 한다.

토막 상식
• 혼합물은 크게 균일 혼합물과 불균일 혼합물 두 가지로 나뉜다. 균일 혼합물에는 혈액, 공기, 소금물 등이 있다. 모두 구성 성분이 균일하게 분포한다. 불균일 혼합물로는 흙이나 샐러드 정도가 있다. 이는 구성 요소가 균일하게 분포하지 않으며, 부분마다 비율이 다르다.

용매에 용질을 넣으면 두 물질의 입자가 부딪힌다. 충돌 과정에서 용매 입자는 용질 입자를 골고루 흩뿌린다. 용매는 어느 정도 용질을 머금고 나면 더 받아들이지 못하게 되는데, 이를 '포화 상태'라고 한다. 포화 상태의 용매에 넣은 용질은 섞이지 않고 겉돈다. 물에 녹는 용질을 '수용성이 있다'고 표현하며, 그렇지 않은 용질을 '수용성이 없다'고 한다.

분리

혼합물과 화합물을 이루는 물질을 가려내는 방법은 다양하다.

- **체**: 수분을 흡수하지 않는 용질을 체로 건진다. 자갈처럼 큼직한 용질을 가려낼 때 편하다.
- **여과**: 거름종이는 체보다 구멍이 훨씬 작으므로 물과 모래를 분리할 수 있다.
- **증발**: 용매를 끓여서 녹은 용질을 드러낸다.

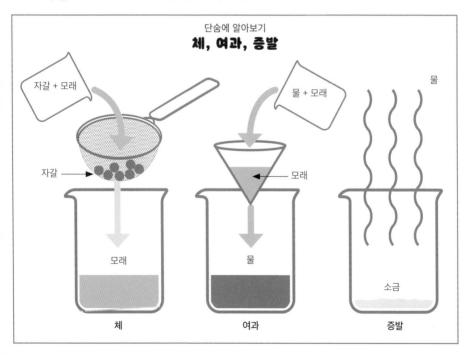

단숨에 알아보기
체, 여과, 증발

상태 변화

1. 소금은 ___다.

A. 기체

B. 액체

C. 고체

D. 플라스마

2. 기체의 입자는 ___.

A. 멀리 떨어져 있다

B. 느리다

C. 바짝 붙어 있다

D. 제자리에서 움직이지 않는다

3. 밀도를 구하는 공식은 무엇일까?

A. 밀도 = 부피 × 질량

B. 밀도 = 질량 ÷ 압력

C. 밀도 = 질량 ÷ 부피

D. 밀도 = 부피 × 압력

4. 이 중 녹는점이 가장 낮은 것은 무엇일까?

A. 금

B. 플라스틱

C. 유리

D. 물

5. 액체와 기체는 밀도가 ___ 곳에서 ___ 곳으로 이동한다.

A. 낮은, 높은

B. 큰, 작은

C. 높은, 낮은

D. 좋은, 나쁜

6. 응축은 ___의 온도가 내려갈 때 일어난다.

A. 기체

B. 액체

C. 분자

D. 고체

7. 눈이 승화하는 데 필요한 조건이 아닌 것은 무엇일까?

A. 강한 햇빛

B. 높은 압력

C. 강풍

D. 낮은 습도

8. 증발하면서 사람의 체온을 낮추는 액체는 무엇일까?

A. 혈액

B. 눈물

C. 위산

D. 땀

9. 용액을 분리하는 데 사용하는 방법은 무엇일까?

A. 증발

B. 체

C. 젓기

D. 여과

10. 이 중 응축에 해당하는 것은 무엇일까?

A. 눈

B. 서리

C. 비

D. 우박

※ 정답은 210쪽에서 확인할 수 있어요.

7장

간단 요약

물질은 주변 환경에 따라 여러 형태로 존재한다. 하지만 지구의 물질은 대부분 세 가지 형태다. 고체, 액체, 기체다. 상태마다 독특한 성질이 있다.

- 밀도란 특정 공간에 들어찬 물질의 양이다. 밀도가 높을수록 크기에 비해 무겁게 느껴진다.
- 물질은 확산을 통해 밀도가 높은 곳에서 낮은 곳으로 이동한다.
- 물질은 액체에서 고체로, 그리고 고체에서 액체로 변할 수 있다. 이러한 현상을 각각 '응고'와 '융해'라고 한다.
- 액체는 가열하면 특정 온도에서 기체로 변한다. 분자가 에너지를 얻으면서 약한 결합을 깨기 때문이다. 이를 '비등' 혹은 '기화'라고 부른다.
- 표면에 있는 물만 수증기로 변하는 것을 '증발'이라고 한다.
- 기체는 차가워지면 액체로 변한다. 이를 '응축'이라고 부른다.
- 물질은 특정 상황에서 액체 단계 없이 고체에서 기체로, 혹은 기체에서 고체로 상태를 바꾼다. 이를 각각 '승화'와 '증착'이라고 한다.
- 두 물질을 섞으면 혼합물을 만들 수 있다. 혼합물은 생성될 때 화학 반응을 동반하지 않는다.
- 용액에서 녹는 물질을 '용질', 녹이는 물질을 '용매'라고 한다.

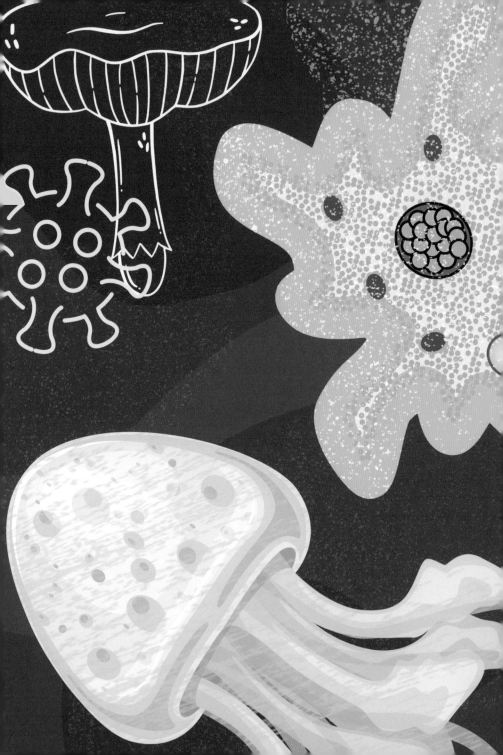

8

생물과 생태계

생물은 형태와 크기가 제각각이다. 작은 세포가 모여 생물을 이루고, 생물은 서식지와 생태계에 모여 상호작용한다. 서식지의 평화로운 외면에 속아서는 안 된다. 순간마다 생사가 갈리는 곳이다.

이번 장에서 배우는 것

생물의 기본 단위   서식지와 생태계

생물의 분류   지구의 생물군계

미생물   생물다양성

식물   먹이 사슬과 먹이 그물

동물

|8.1 생물의 기본 단위

이 세상에는 세포 하나로만 구성된 생물도 있고, 30조 개가 넘는 세포의 집합인 인간도 있다. 생물의 기본 단위인 세포는 대부분 무척 미세하므로 관찰하려면 현미경이 필요하다. 그러나 덩치는 작아도 맡은 역할은 절대 작지 않다.

세포 안에는 저마다 맡은 임무를 수행하는 여러 요소가 존재한다. 설계도인 DNA를 보관하고 다른 요소를 제어하는 '핵', 세포에 에너지를 공급하는 '미토콘드리아'가 여기에 해당한다. 이들 모두 '세포질'이라고 하는 젤리 같은 물질에서 찾을 수 있다. 세포질은 세포막에 싸인 채 다른 요소를 가두고 세포에 드나드는 물질을 제어한다.

식물 세포는 동물 세포보다 구성 요소가 많다. 성장하고 에너지를 얻는 방식이 다르기 때문이다. 세포벽은 세포막을 둘러싼 단단한 구조물로, 세포에 힘을 싣고 지지

식물 세포

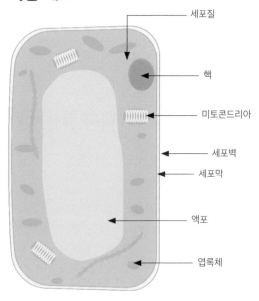

세포질

핵

미토콘드리아

세포벽

세포막

액포

엽록체

토막 상식

• 막 만들어진 줄기세포는 아무 역할도 수행하지 않는다. 대신 반으로 쪼개지면서 증식하다가 다른 세포로 분화하는 능력이 있다. 생물이 성장하거나 회복할 때, 줄기세포는 필요한 조직의 세포로 변한다.

동물 세포

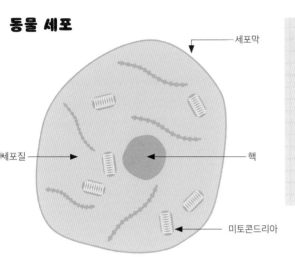

세포막

세포질

핵

미토콘드리아

한다. 세포질 한가운데에서는 끈적이는 수액이 가득한 액포를 찾을 수 있다. 이 밖에도 엽록체는 엽록소를 함유한 기관이다. 엽록소는 잎이 초록색을 띠는 이유이며 광합성에서 중요한 역할을 한다(157쪽 참고).

기본 단위

핵에는 해당 세포가 피부 세포인지, 혈액 세포인지, 아니면 다른 수백 가지 세포 중 하나인지 알려주는 설계도가 있다. 역할이 같은 세포는 뭉쳐서 조직을 형성한다. 근육 조직이나 결합 조직이 여기에 해당한다. 역할이 서로 다른 조직은 힘을 합쳐서 기관을 이룬다. 심장과 뇌를 예로 들 수 있다. 기관과 조직의 구성 방식은 생물마다 가지각색이다. 인간, 비둘기, 해파리의 외모가 서로 다른 이유가 여기에 있다. 기본 구성단위는 같지만, 구성 방식이 다르기 때문이다.

세포는 덩치가 작으므로 보통 길게 살지 못한다. 늙은 세포가 죽으면 곧 젊은 세포가 반으로 갈라져서 빈자리를 채운다. 이러한 과정은 상당히 빠르게 일어난다. 인간의 몸 안에서는 1초마다 **수백만** 개의 세포가 죽고 새것으로 교체된다.

|8.2 생물의 분류

생물의 종류는 무척 다양하다. 하지만 일부 생물은 서로 유사한 부분이 있다. 서로 비슷해 짝을 이루어 번식할 수 있는 생물의 집합을 '종'이라고 한다. 인간, 호랑이, 백상아리는 전부 다른 종이다. 모든 종은 서로의 유사성을 보여주는 거대한 계통수로 표현할 수 있다.

과학자들은 새로운 종을 발견할 때마다 이름을 붙이고 기존의 종 중 닮은 생물을 찾는다. 그다음 외모, 서식지, 식성, 습성, DNA(172쪽 참고)를 고려하여 특정 집단에 넣는다. 이렇게 이름을 짓고 상위 집단을 정하는 작업을 '분류'라고 한다.

집단마다 더 작은 무리가 있다. 인간을 예로 들어보자. 전 세계에 사는 인간 모두를 하나의 큰 집단으로 묶고, 거주하는 도시를 기준으로 분류한 다음, 같은 집에 사는 사람끼리 모으는 식으로 세밀하게 나눌 수 있다. 옛날 과학자와 탐험가들은 생물

단숨에 알아보기
생물의 5계 분류
생물을 분류하는 방법은 여러 가지가 있다.
하지만 5계로 나누는 방식을 가장 흔하게 사용한다. 자세한 내용은 다음과 같다.

동물계
운동성이 있고 다른 물질을 먹어서 에너지를 채우는 생물

식물계
보통 움직이지 않으며 태양에서 에너지를 얻는 생물

진균계
곰팡이, 버섯, 효모

원생동물계
아메바를 비롯한 단세포생물

원핵동물계
세균 같은 단순한 형태의 단세포생물

토막 상식 · 새로운 종을 찾으면 이름을 반드시 라틴어로 짓는다. 명칭을 통일하기 위해서다. 학명에서 첫 번째 부분은 속명, 즉 상위 집단의 이름이며, 두 번째 부분이 종명이다.

린네 분류체계

1700년대에 활동한 스웨인 과학자, 칼 린네CARL LINNAEUS는 생물을 분류하는 체계를 만든 인물이다.
해당 분류체계는 지금까지 사용하고 있다.

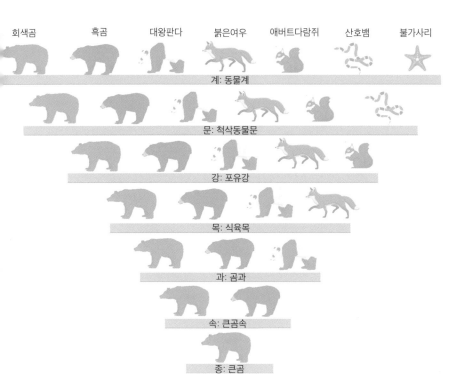

회색곰　　흑곰　　대왕판다　　붉은여우　　애버트다람쥐　　산호뱀　　불가사리

계: 동물계

문: 척삭동물문

강: 포유강

목: 식육목

과: 곰과

속: 큰곰속

종: 큰곰

의 상위 집단을 정할 때 생김새를 기준으로 삼았다. 하지만 과학 기술과 장비가 발달해 현미경 등이 발명된 뒤로는 더 자세한 척도를 정하고 신종을 분류하기 시작했다. 이 과정에서 재분류도 이루어졌다. 어떤 동물은 기존의 집단보다 다른 집단에 더 가깝다는 사실이 밝혀졌기 때문이다.

쪽지 시험

1. 짝을 이루어 번식할 수 있는 생물끼리 모은 집단을 뭐라고 부를까?
2. 분류란 무엇일까?
3. 생물 이름을 라틴어로 짓는 이유는 무엇일까?

8.3 미생물

일부 생물은 너무 작아서 특별한 장비 없이는 볼 수 없다. 이러한 생물을 '미생물'이라고 한다. 세상에는 수도 없이 많은 미생물이 존재하며, 흙부터 세탁하지 않은 양말까지 곳곳에 살고 있다. 이러한 바이러스나 세균 등은 우리 몸을 아프게 만들 수도 있지만 대다수는 무척 유익하다.

눈에 보이지도 않는 작은 생물을 상상하기란 상당히 어렵다. 미생물은 크기가 작은 만큼 여러 마리가 모여야 힘을 발휘할 수 있다. 미생물은 우리 일상에서 무척 중요한 역할을 한다. 죽은 동식물을 분해하고, 우유를 요구르트로 만들고, 영양분이 가득한 흙을 조성한다.

세균

흔히 해로운 미생물을 '세균'이라고 한다. 밥을 먹기 전, 그리고 화장실에 다녀온 뒤에 손을 씻어야 하는 이유도 세균 때문이다. 손을 깨끗이 닦지 않으면 세균이 손

미생물의 종류
미생물의 종류는 다섯 가지다.

세균은 핵이 없는 단세포생물이다. 구형, 나선형, 간상형으로 나뉜다.

바이러스는 다른 생물의 내부에서만 생존 및 복제하는 독특한 미생물이다. 숙주를 옮겨 다니면서 독감이나 수두 같은 병을 퍼트린다.

미세조류는 식물처럼 광합성(157쪽 참고)을 통해 에너지를 얻는다. 보통 물에 살며, 우리가 호흡할 때 소모하는 산소를 대량으로 생산한다.

진균은 다세포 혹은 단세포생물이다. 일부는 식물에 병을 옮기지만 나머지는 토양을 기름지게 유지한다.

원생동물은 동물, 식물, 진균, 세균이 아니므로 다른 무리로 분류할 수 없는 단세포생물이다.

• 효모는 빵을 만들 때 사용하는 진균이다. 밀가루의 당을 먹고 이산화탄소를 부산물로 배출한다. 이산화탄소는 반죽에 수많은 공기 방울을 만들어 오븐에 구울 때 부풀면서 식감을 부드럽게 만든다.

과 음식을 통해 입으로 들어갈 위험이 있다. 따뜻한 체내에 침입한 세균은 빠르게 번식하면서 건강을 위협한다. 따라서 인간의 몸은 다양한 방법으로 세균의 침투를 막는다. 몸과 주변을 청결하게 유지하면 세균의 공격을 예방하는 데에 도움이 된다.

단숨에 알아보기
바이러스의 생애주기

바이러스가 다른 생물의
세포에 붙는다.

세포에 침투한다.

복제한다.

세포 밖으로 나가서
새로운 숙주를 찾는다.

쪽지 시험

1. 수두를 옮기는 미생물은 무엇일까?
2. 손을 깨끗이 씻어야 하는 이유는 무엇일까?
3. 바이러스가 번식하는 곳은 어디일까?
4. 제빵에 유용하게 사용하는 미생물은 무엇일까?

|8.4 식물

섬세한 데이지부터 거대한 참나무까지, 세상에는 거의 40만 종에 달하는 식물이 있다. 식물은 동물처럼 움직일 수 없지만 그렇다고 소극적인 생물이라고 착각해서는 안 된다. 성장과 변화를 거듭하며 체내에서 놀라운 일을 벌이기 때문이다.

식물은 두 개의 무리로 나눌 수 있다. 꽃을 피우는 식물과 그렇지 않은 식물이다. 꽃을 피우는 식물은 꽃잎으로 이루어진 꽃을 만든다. 해바라기, 장미, 사과나무 등이 여기에 속한다. 꽃을 피우지 않는 식물에는 소나무, 양치류, 이끼 정도가 있다. 이 식물들은 꽃을 피우거나 과일을 맺지 않는다.

토막 상식 • 식물이 흙을 박차고 일어나 움직이는 일은 없지만, 아예 꼼짝도 하지 않는 것은 아니다. 생존하기 위해서는 햇빛을 받아야 하므로 많은 종이 햇빛을 향해 자란다. 화분에 씨앗을 심고 창가에 놓으면 새싹이 자라면서 해가 나는 쪽으로 구부러지는 모습을 볼 수 있다.

꽃을 피우는 식물의 구조

꽃: 씨앗을 만들기 위해 곤충을 유혹한다.

열매: 성장하는 동안 씨앗을 품다가 먹히거나 땅에 떨어지는 식으로 씨앗을 퍼트린다.

잎: 햇빛을 흡수하고 에너지를 공급한다.

줄기: 식물을 지지하며 물과 영양분을 운반한다.

뿌리: 흙에서 물과 영양분(생물이 연료로 쓸만한 요소)을 흡수한다.

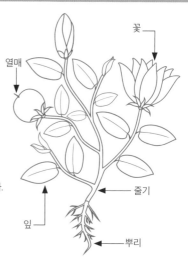

꽃

열매

줄기

잎

뿌리

광합성

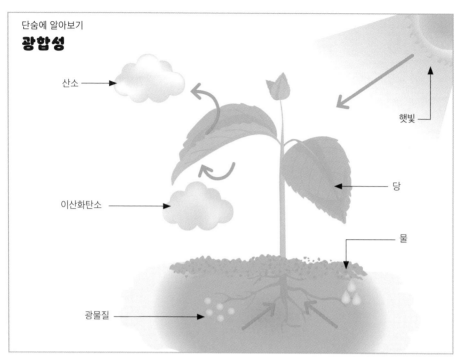

산소

햇빛

이산화탄소

당

물

광물질

식물이 에너지를 얻는 과정

식물은 햇빛, 물, 이산화탄소로 당을 만들어 성장에 필요한 에너지를 얻는다. 이 과정은 잎 안에서 일어나며 '광합성'이라고 부른다.

공기 중의 이산화탄소는 잎의 작은 구멍인 '기공'에 들어간다. 뿌리는 흙에서 물을 흡수한 다음, 잎의 얇은 관으로 보낸다. 잎 세포에 있는 초록색 엽록소(151쪽 참고)는 잎이 받는 햇빛의 에너지를 흡수해 물과 이산화탄소를 포도당으로 바꾼다. 광합성 과정에서 산소도 발생하지만, 식물은 산소를 필요로 하지 않으므로 기공으로 배출하고, 이 산소는 우리 같은 동물이 마신다(194쪽 참고).

쪽지 시험

1. 식물의 종은 몇 가지일까?
2. 식물이 광합성하는 데 필요한 세 가지 요소는 무엇일까?
3. 이산화탄소가 식물의 잎에 들어가는 통로는 ____이다.
4. 식물의 광합성이 인간에게 중요한 이유는 무엇일까?

8.5 동물

어떤 동물은 다른 동물과 뚜렷한 공통점이 없는 것 같다. 물속에서 사는 동물이 있는가 하면, 하늘을 나는 동물도 있다. 이토록 다양한 동물을 어떻게 분류할 수 있을까?

동물은 크게 무척추동물과 척추동물로 나뉜다. 척추동물은 말 그대로 척추가 있고, 무척추동물은 없다. 척추동물은 특징에 따라 다섯 개의 무리로 분류된다. 어류, 파충류, 양서류, 조류, 포유류다. 무척추동물은 동물의 약 97퍼센트를 차지하며, 대부분은 곤충이지만 달팽이, 거미, 지렁이, 게, 해파리, 산호, 오징어 등의 동물 역시 무척추동물이다. 민달팽이나 지렁이 같은 무척추동물은 촉감이 부드럽지만, 랍스터나 딱정벌레처럼 외골격을 입은 동물은 딱딱하다.

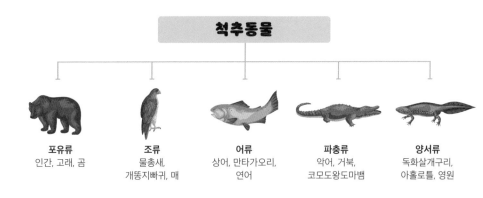

척추동물

포유류	조류	어류	파충류	양서류
인간, 고래, 곰	물총새, 개똥지빠귀, 매	상어, 만타가오리, 연어	악어, 거북, 코모도왕도마뱀	독화살개구리, 아홀로틀, 영원

무척추동물

원생동물류
단세포생물에
속하는 미생물.

편형동물류
단순한 형태의 벌레.
예:조충

극피동물류
가시가 있고
바다에 사는 동물.
예: 불가사리, 성게

연체동물류
몸은 부드럽지만,
대다수가 단단한
껍데기를 가지고 있다.
예: 달팽이, 굴

환형동물류
몸에 마디가 있는 벌레.
예: 지렁이

강장동물류
물에 사는 부드러운 동물,
일부는 촉수로 독을 쏜다.
예: 해파리

절지류
외골격과
마디가 있는 동물

다족류
몸이 길고 마디가 있으며
다리가 많은 동물.
예: 지네, 노래기

곤충류
다리가 여섯 개고 몸이 세
부분으로 이루어졌으며,
더듬이가 있는 동물.
예: 무당벌레, 나비

거미류
다리가 여덟 개고
몸이 두 부분으로
이루어지는 동물.
예: 거미, 전갈

갑각류
종류가 무척 다양한
무척추동물.
예: 게, 새우, 쥐며느리

|8.6 서식지와 생태계

북극에는 북극곰이, 연못에는 개구리가, 사막에는 낙타가 산다. 야생동물이 사는 장소를 '서식지'라고 한다. 어떤 서식지는 무척 넓어 동물이 수천 킬로미터를 돌아다닐 수 있는 반면, 일부 서식지는 작고 고립되어 있다.

하나의 종이 초원, 숲, 해안가 등 다양한 서식지에 살기도 한다. 서식지는 먹이, 보금자리, 번식 기회 등 동물에게 필요한 모든 것을 제공한다. 현존하는 종은 전부 각자의 서식지에 적응한 상태이므로 환경이 크게 다른 서식지에서는 살아남지 못한다. 만약 낙타가 북극에 간다면 추위와 배고픔에 시달릴 테고, 북극곰이 사막에 간다면 더위에 고통받을 것이다.

미소(微小)서식지

서식지 내에서도 환경이 독특한 지역이 있다. 숲을 예로 들겠다. 나무 꼭대기에 가까운 가지에는 햇빛이 잘 들고 바람이 세게 분다. 반면 쓰러진 나무 아래에 깔린 흙은 습하고 어두워 최적의 환경이라고 보기에는 어렵다. 하지만 이는 일부 생물에게는 완벽한 보금자리이다. 이처럼 서식지 안에 존재하는 특수한 환경을 미소서식지라고 한다.

토막 상식

• 우리 몸 안에도 생태계가 존재한다! 수조 마리의 유익한 미생물이 인간의 몸에서 살아간다. 사실 세포보다 미생물의 수가 많으며, 전부 합치면 뇌 무게와 비슷하다.

생태계

생물은 혼자 살아가지 않고 가까운 종 혹은 다른 종과 터전을 공유한다. 생물은 생물 혹은 흙, 물, 바위 같은 무생물과 상호작용하며 생태계라는 정교한 공동체를 이룬다. 생태계는 잠시도 평화로운 날이 없다. 서로를 먹고, 돕고, 싸우고, 새끼를 기르는 생물로 가득하기 때문이다.

생태계

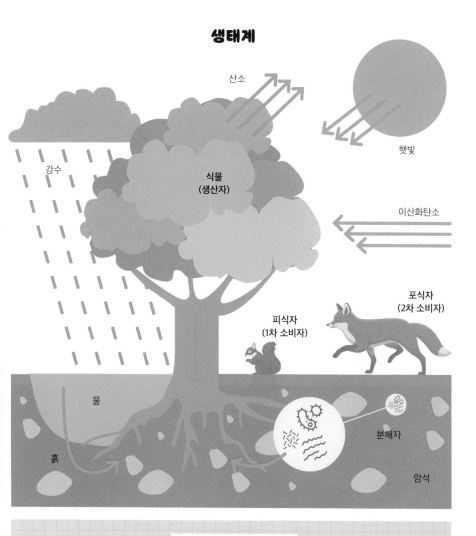

산소

햇빛

강수

식물
(생산자)

이산화탄소

포식자
(2차 소비자)

피식자
(1차 소비자)

물

분해자

흙

암석

쪽지 시험

1. 서식지는 생물에게 무엇을 제공할까?

2. 큰 서식지 안에 존재하는 작은 서식지를 무
   엇이라 부를까?

3. 생태계의 구성 요소 중 생물이 아닌 것은 무
   엇일까?

|8.7 지구의 생물군계

서식지는 비슷한 환경에 사는 생물의 집합, 즉 '생물군계'의 하위 개념이다. 그리고 생물군계가 모여 지구에서 생물이 존재하는 모든 장소를 뜻하는 '생물권'을 구성한다.

지역마다 온도와 기상 환경이 조금씩 다르고, 서식하는 동식물 역시 차이가 있다. 환경과 생물이 비슷한 장소는 생물군계로 묶을 수 있다.

육생 생물군계는 크게 여섯 가지로 나뉜다. 툰드라, 타이가, 온대림, 열대림, 사바나, 사막이다.

토막 상식

• 북극과 남극 다음으로 건조한 지역은 남아메리카의 아타카마 사막이다. 거대한 산맥 두 개가 사막으로 가는 습한 공기를 차단하기 때문에 평균 강우량이 1년에 1센티미터도 안 된다.

쪽지 시험

1. 생물권이란 무엇일까?
2. 가장 온도가 낮은 육생 생물군계는 무엇일까?
3. 열대우림이 있는 곳은 _____ 부근이다.
4. 사바나의 계절은 몇 개일까?

수생 생물군계

전 세계의 수생 환경 역시 여러 개의 생물군계로 분류된다. 이는 사는 생물을 기준으로 한다. 핵심 수생 생물군계는 다음과 같다.

• **연못과 호수**: 육지로 완전히 둘러싸인 웅덩이.
• **강과 개울**: 땅을 흐르며 바다로 향하는 민물.
• **습지**: 물에 완전히 잠겼지만, 식물이 계속 자라는 장소.
• **바다**: 다양한 동식물이 사는 깊은 소금물.
• **산호초**: 산호가 쌓여 탄생한 암초. 보통 얕고 더운 바다에서 나타난다.
• **강어귀**: 강이 바다와 만나면서 독특한 생태계가 펼쳐지는 곳.

단숨에 알아보기

세계의 생물군계

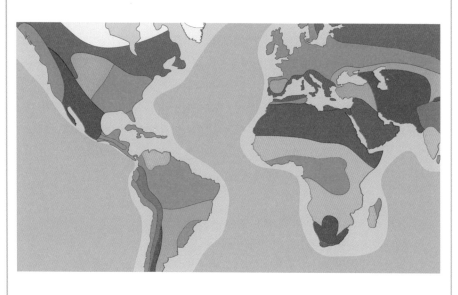

| 툰드라 | 타이가 | 사바나 | 사막 | 온대림 | 열대림 | 산악지대 | 관목지대 |

툰드라

모든 생물군계를 통틀어 가장 춥고 사막처럼 건조하다. 추워서 생물이 거의 살지 않지만, 북극여우 같은 동물은 생존할 수 있다.

타이가

춥고 건조하다. 키가 큰 상록수가 가장 흔한 식물이다. 서식 동물로는 늑대, 곰, 매 등이 있다.

사바나

계절이 우기와 건기뿐이다. 관목, 풀, 키가 큰 나무 소수가 자라며, 얼룩말이나 기린처럼 풀을 뜯는 동물이 산다.

사막

비가 거의 내리지 않는다. 선인장처럼 생존력이 강한 식물만 살 수 있다. 대부분 동물은 온도가 떨어지는 밤에만 활동한다.

온대림

지나치게 덥거나 추워지는 일이 없다. 계절마다 번성하는 동식물이 다르며, 대다수 나무는 겨울에 잎을 버린다.

열대림

습하고 덥다. 지구 동식물종 절반이 열대림에 서식한다. 적도 부근에 있다.

|8.8 생물다양성

'생물다양성'이란 말 그대로 특정 지역에 사는 생물의 다양성이다. 어떤 지역에는 생물이 많이 살지만, 일부 지역은 그렇지 않다. 환경이 변하면 생물다양성 역시 변한다. 현재 생물다양성은 인간에 의해 위협받고 있다.

특정 지역에 사는 종을 전부 세어 보면 생물다양성을 파악할 수 있다. 서식지 환경이 다양할수록 생물다양성이 좋다. 이는 자연재해나 환경 변화가 발생해 피해를 받아도 회복할 가능성이 크다는 뜻이다. 생물들은 상호작용하고 의지하면서 먹이, 보금자리 등을 찾는다. 따라서 한 종의 개체 수가 감소하면 다른 종도 영향을 받는다.

고양이 같은 종은 다양한 지역에서 찾을 수 있으나 일부 종은 특정 섬이나 숲에서만 나타난다. 인간의 활동으로 위험에 처한 장소를 '생물다양성 과열점'이라고 한다. 현재 생물다양성 과열점은 36곳 존재한다. 식물, 포유류, 파충류, 조류, 양서류의 60퍼센트가 이곳에 서식한다.

이용과 위협

자연은 눈을 즐겁게 해줄 뿐 아니라 여러 가지 자원을 제공한다. 우리는 식물로 집을 짓고, 종이를 만들고, 가구를 제작할 뿐만 아니라 약까지 개발한다.

생물다양성을 위협하는 활동

산림 벌채   목축   환경 오염   기후 변화

하지만 불행히도 지구 곳곳에서 생물다양성이 감소하는 추세다. 생물은 처음 나타났을 때부터 지금까지 여러 가지 이유로 꾸준히 멸종(184쪽 참고)했다. 하지만 현재 멸종 속도는 위험할 정도로 빠르다. 대부분은 밀렵이나 벌목 등 인간의 활동 때문에 멸종한다. 특정 종이 보금자리, 먹이, 개체 대대수를 잃으면 십중팔구 멸종하며, 해당 종이 속한 생태계의 생물다양성 역시 감소한다.

개발

밀렵

동물 거래

어류 남획

8.9 먹이 사슬과 먹이 그물

모든 생물은 성장하고, 움직이기 위해 에너지가 필요하다. 식물은 광합성을 통해 에너지를 얻는다. 하지만 동물은 광합성을 할 수 없으니 다른 생물을 먹어서 에너지로 사용한다. 동물끼리 먹고 먹히면서 에너지가 이동하는 과정을 '먹이 사슬'이라고 한다. 먹이 사슬은 서로 복잡하게 이어지면서 '먹이 그물'을 이룬다.

모든 먹이 사슬은 생산자로부터 시작한다. 시작은 보통은 광합성을 하는 식물이다. 식물은 태양에서 에너지를 받고, 땅에서 영양분을 흡수하여 먹이를 자급자족한다. 식물이 동물에게 잡아먹히면 식물이 가진 에너지는 동물의 몸으로 향한다. 식물을 먹이로 삼는 동물을 '1차 소비자'라고 한다. 먹이 사슬에서 처음으로 다른 생물을 먹는 존재이기 때문이다. 1차 소비자가 2차 소비자에게 잡아먹히면 에너지는 다시 한번 이동한다. 1차 소비자를 먹는 2차 소비자를 '포식자', 1차 소비자를 '피식자'라고 부른다.

먹이 사슬은 최상위 포식자에서 끝난다. 최상위 포식자는 최소한 살아 있는 동안은 먹히는 일이 없다. 먹이 사슬의 최정점인 셈이다. 그렇다고 에너지의 여행이 최상위 포식자에서 끝나는 것은 아니다. 최상위 포식자가 죽으면 시체를 먹는 동물과 '분해자'라는 작은 생물의 먹이가 된다. 분해된 시체의 에너지와 영양분 일부는 흙에 흡수된다. 식물은 이를 자원으로 활용하면서 먹이 사슬을 다시 시작한다.

먹이 그물

대다수의 동물은 사람처럼 하나 이상의 먹이를 먹는다. 따라서 먹이 사슬은 겹치거나 이어질 수 있다. 생산자는 대부분 생산자 이상의 역할을 하지 않는다(동물을 잡아먹는 소수 식물을 제외하면). 하지만 동물은 먹이 그물 안에서 다양한 역할을 맡을 수 있다. 새가 열매를 먹으면서 잎에 있던 애벌레를 함께 섭취한다면 1차 소비자인 동시에 2차 소비자가 된다.

먹이 사슬

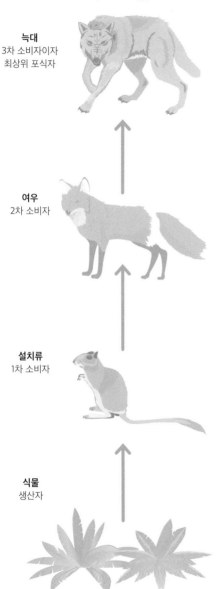

늑대
3차 소비자이자
최상위 포식자

여우
2차 소비자

설치류
1차 소비자

식물
생산자

쪽지 시험

1. 먹이 사슬의 시작은 무엇일까?
2. 먹이 사슬 정점에 있는 것은 무엇일까?
3. 식물만 먹는 동물은 ____ 동물이다.
4. 잡식 동물이란 무엇일까?
5. 분해자의 역할은 무엇일까?

토막 상식

동물은 식성에 따라 여러 무리로 구분할 수 있다. 식물만 먹는 종은 초식동물로, 고기만 먹는 종은 육식동물로 분류된다. 사람처럼 동물과 식물을 모두 먹으면 잡식동물이라고 부른다.

생물과 생태계

1. 인간의 몸에는 몇 개의 세포가 있을까?
A. 10만 개
B. 20억 개
C. 30조 개
D. 4,000만 개

2. 광합성에 필요한 세 가지 요소는 무엇일까?
A. 당, 햇빛, 이산화탄소
B. 이산화탄소, 물, 햇빛
C. 물, 산소, 이산화탄소
D. 햇빛, 산소, 물

3. 학명은 어떤 언어로 지을까?
A. 프랑스어
B. 영어
C. 그리스어
D. 라틴어

4. 몸의 미생물을 전부 합치면 어떤 기관의 무게와 같을까?
A. 뇌
B. 심장
C. 폐
D. 간

5. 이 중 미소서식지에 해당하는 것은 무엇일까?
A. 초원
B. 호수
C. 낙엽 더미
D. 정원

6. 사자, 양, 말은 어떤 동물에 속할까?
A. 포유류
B. 극피동물
C. 연체동물
D. 양서류

7. 지구의 생물군계에 해당하지 않는 것은 무엇일까?
A. 사바나
B. 타이가
C. 남극
D. 툰드라

8. 고기만 먹는 동물을 무엇이라 할까?
A. 초식 동물
B. 잡식 동물
C. 분해자
D. 육식 동물

9. 생물다양성 과열점에 있는 종은 전 세계 동식물종에서 몇 퍼센트를 차지할까?
A. 약 90퍼센트
B. 약 40퍼센트
C. 100퍼센트
D. 약 60퍼센트

10. 이 중 다른 생물의 세포에서만 살 수 있는 것은 무엇일까?
A. 바이러스
B. 세균
C. 진균
D. 원생동물

※ 정답은 210쪽에서 확인할 수 있어요.

8장

간단 요약

작은 세포가 모여 생물을 이루고, 생물은 서식지와 생태계에 모여 상호작용한다.

- 생물은 전부 세포로 이루어진다. 세포 하나로만 구성된 생물도 있지만, 30조 개가 넘는 세포의 집합인 인간도 있다. 역할이 같은 세포는 뭉쳐서 조직을 형성한다. 근육 조직이나 결합 조직이 여기에 해당한다.
- 생물은 5계로 나눌 수 있다. 동물계, 식물계, 진균계, 원생동물계, 원핵동물계다.
- 미생물은 다양한 중책을 수행하며, 세균, 바이러스, 미세조류, 진균, 원생동물로 구분된다.
- 식물은 햇빛, 물, 이산화탄소로 당을 생산한다. 이 과정을 '광합성'이라고 한다.
- 동물은 크게 척추동물과 무척추동물로 나뉜다.
- 서식지는 유기체가 필요로 하는 모든 것을 제공한다. 비슷한 환경에 사는 생물의 집합, 즉 '생물군계'는 서식지의 상위 개념이다.
- 무생물 역시 생물과 상호작용하며 생태계를 형성한다.
- 생물다양성이란 특정 지역에 사는 생물의 다양성이다. 또한 인간의 활동으로 위험에 처한 장소를 '생물다양성 과열점'이라고 한다.
- 동물은 다른 생물을 먹어서 에너지로 사용한다. 동물끼리 먹고 먹히면서 에너지가 이동하는 과정을 먹이 사슬로 나타낸다. 먹이 사슬은 서로 복잡하게 이어지면서 먹이 그물을 이룬다.

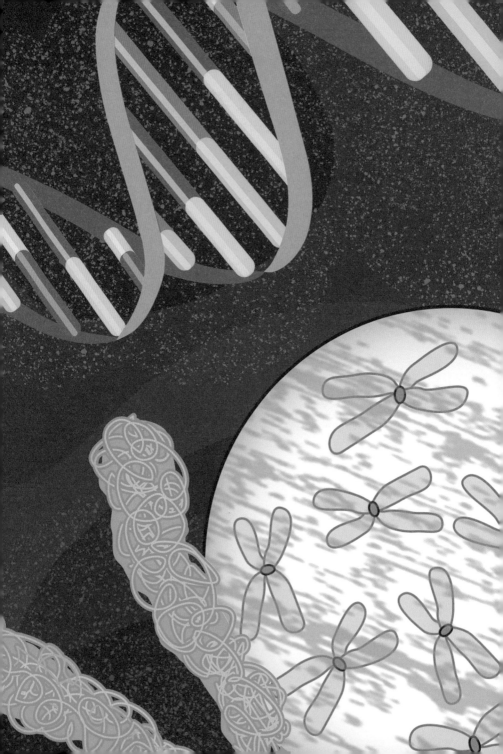

9

유전자와 진화

친척끼리 비슷하게 생긴 이유는 무엇일까? 사람마다 키가 다른 이유는 무엇일까? 개의 조상은 어떤 동물일까? 모든 답은 DNA에 있다. 뒤틀린 형태의 분자인 DNA는 생명의 비밀을 담고 있다.

이번 장에서 배우는 것

DNA	경쟁
유전	선택 교배와 가축화
진화	멸종
적응	화석

9.1 DNA

거의 모든 세포에는 유전 정보를 간직한 핵이 있다. 핵은 몸을 구성하고 유지하는 데 필요한 설계도를 기다란 분자인 DNA에 암호화하여 저장한다. DNA는 개체마다 전부 다르다. 많고 많은 생물중에 우리와 완전히 똑같이 생긴 개체가 없는 이유가 여기에 있다.

DNA 분자는 뒤틀린 사다리처럼 생겼는데, 이런 모양을 흔히 '이중나선 구조'라고 부른다. 핵에 있는 모든 DNA 분자는 함께 묶여서 염색체를 이룬다. 종이 다르면 염색체 수 역시 다르다. 이집트숲모기는 세포마다 염색체가 3쌍씩 있지만, 아틀라스푸른나방(Atlas blue butterfly)은 226쌍, 인간은 23쌍이 있다. 인간의 염색체 중 22쌍은 생김새와 작용 원리에 관한 정보이며, 마지막 23번째 쌍은 성별을 결정한다.

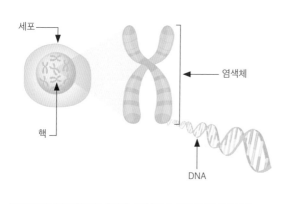

세포 → 핵 → 염색체 → DNA

DNA의 작용 원리

뉴클레오타이드의 염기는 쌍을 이루며 이중나선 구조를 형성한다. DNA 사슬에서 염기서열은 곧 고유의 특징을 발현하는 암호다. 세포에 있는 특별한 분자가 염기서열을 읽고, 정보에 따라 단백질을 합성한다.

토막 상식

• 인간의 DNA 길이는 2미터에 달한다. 몸에 있는 DNA를 전부 뽑아서 한 줄로 세우면 지구에서 해양성까지 왕복하고도 남는다.

• 0.1퍼센트 확률로 21번 염색체를 하나 더 가진 아기가 태어난다. 21번 염색체가 한 쌍(2개)이 아니라 3개인 이 아기들은 '다운증후군'이라는 유전병을 앓는다.

DNA의 저장

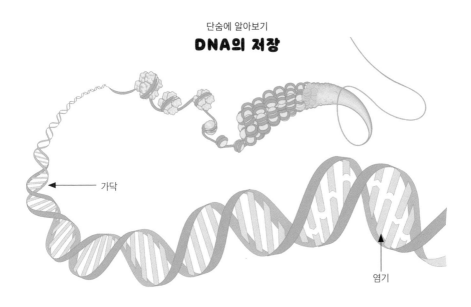

가닥

염기

DNA에서 한 형질에 관한 정보가 있는 짧은 부분을 '유전자'라고 한다. 우리 몸에는 수도 없이 많은 유전자가 존재하며, 머리카락 색부터 발가락 길이에 이르기까지 다양한 형질을 보관한다. 종이 같은 개체끼리는 외모가 비슷하지만 아예 똑같지는 않다. 유전자의 종류가 여러 가지이기 때문인데, 이를 '대립 유전자'라고 한다. 개체마다 형태가 다른 이유 역시 대립 유전자 때문이다. 과학에서는 대립 유전자로 인해 나타나는 개체 간의 차이를 '유전 변이'라고 부른다. 사람마다 눈 색이 다른 이유도 서로 다른 대립 유전자가 발현했기 때문이다.

쪽지 시험

1. DNA 가닥은 어떤 모양일까?
2. 다른 형질을 발현하는 유전자는 무엇일까?
3. 인간의 염색체는 몇 쌍일까?

|9.2 유전

이미 알고 있겠지만 친척끼리는 닮는 경향이 있다. 다른 종 역시 마찬가지다. 강아지부터 버들강아지까지, 모든 생물은 생판 남보다는 부모나 가까운 친척을 닮는다. 이유는 '유전'이다. 유전이란 부모에서 자식으로 유전자가 전해지는 현상이다.

DNA는 '유전 물질'로, 세대에서 세대로 전해진다. 인간의 세포 대부분은 염색체가 23쌍(46개)이지만 생식 세포는 염색체가 23개다. 정자와 난자가 만나면 두 세포는 각자의 DNA를 결합해 새로운 인간 설계도를 완성한다. 따라서 아기는 부모 모두에게 유전자를 물려받았으므로 몇 가지 특징을 빼닮는다. 우리 몸의 유전자는 부모님이 반씩 물려주신 것이다. 어쩌면 조부모님과 비슷한 부분이 있을지도 모른다. 부모님 역시 각자의 부모님에게 염색체를 절반씩 받았기 때문이다.

유전

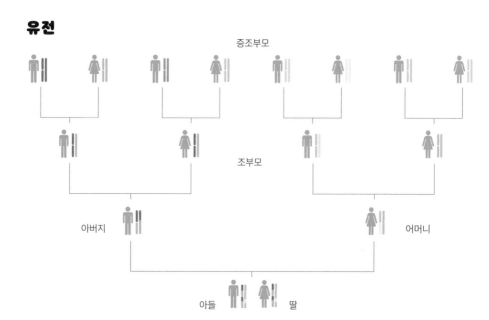

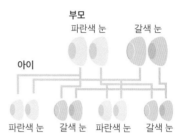

토막 상식

• 일부 대립 유전자는 다른 대립 유전자보다 우세하다. 부모님 중 한쪽에서 우성 대립 유전자를, 다른 한쪽에서 열성 대립 유전자를 받으면 몸은 우성 유전자의 설계도를 따른다. 갈색 눈을 발현하는 대립 유전자는 파란색 눈을 발현하는 대립 유전자에 우선권이 있다. 따라서 두 유전자를 각각 하나씩 받으면 무조건 갈색 눈이 발현한다. 양쪽 모두에게 파란색 눈을 발현하는 대립 유전자를 받아야만 파란 눈이 된다.

다양한 유전자를 가진 사람들이 아이를 낳고 DNA를 물려주는 과정에서 유전자는 계속 새로운 방식으로 결합한다. 심지어 첫째와 둘째의 유전자 조합도 다르다. 형제자매가 똑같이 생기지 않은 이유다. 하지만 일란성 쌍둥이의 경우엔 하나의 수정란(207쪽 참고)이 두 개로 갈라지면서 각각 태아로 자랐기 때문에 DNA가 같다.

그렇다고 모든 특징이 유전의 결과물은 아니다. 일부는 생활 습관과 주변 환경으로 인해 나타난다. 이러한 특성을 환경 특성이라고 한다. 피부 그을림, 흉터, 언어가 여기에 해당한다. 몸 밖의 요인에서 발생했으므로 DNA와는 관련이 없다. 따라서 미래 세대에 물려줄 수도 없다.

눈의 색을 결정하는 유전자

부모
파란색 눈   갈색 눈

아이

파란색 눈   갈색 눈   파란색 눈   갈색 눈

⬭ 파란색 눈을 발현하는 열성 대립 유전자

⬤ 갈색 눈을 발현하는 우성 대립 유전자

단숨에 알아보기
유전 특성과 환경 특성

유전 특성
머리카락 색,
눈 색,
혀 말기,
코의 형태,
보조개

환경 특성
언어,
노래 취향,
피어싱,
흉터

유전과 환경의 영향을 모두 받는 특성
신장,
체중,
독해력,
근력,
성격

|9.3 진화

타임머신을 타고 수백만 년으로 돌아가면 아마 지금은 멸종한 동식물이 가득할 것이다. 지금과는 모습이 달라 알아보지 못하는 종도 있을지 모른다. 생물은 생존을 위해 계속해서 새로운 특성을 개발하기 때문이다.

찰스 다윈Charles Darwin은 진화론으로 유명한 인물이다. 그는 22살 때 비글호(HMS Beagle)라는 배에 타 세상을 탐험했고, 생물은 살아남기 위해 쉬지 않고 경쟁한다는 사실을 알아냈다. 또한 같은 종끼리 미묘하게 다른 이유는 유전 변이 때문이며, 일부 유전 변이는 생존 가능성을 높인다는 사실을 알아냈다. 예를 들어 목이 긴 거북은 높은 가지에 난 잎을 먹을 수 있으며, 가시가 있는 식물은 잘 잡아먹히지 않는다.

생존에 유리한 유전자와 특성을 가진 개체는 다른 개체보다 오래 살고, 유용한 유전자를 자손에게 물려줄 가능성이 크다. 다윈은 이러한 현상을 '자연 선택'이라고 불렀다. 자연 선택이 작용하면 종의 생존에 보탬이 되는 유전자를 가진 개체의 비율이 높아진다. 이 과정에서 형태나 습성이 조금씩 변하는데, 이를 '진화'라고 한다.

예를 들어 설치류 계체군 하나가 어두운 바위 지대로 이동했다고 가정하자. 유전 변이로 인해 일부는 검은색이고 나머지는 하얀색인 상태다. 하얀색 개체는 쉽게 눈에 띄므로 포식자에게 잡아 먹히는 일이 많다. 유전자를 남길 수 있는 개체는 살아남은 검은색 개체뿐이다. 따라서 다음 세대에는 검은색 개체가 더 많이 태어난다.

가까운 친척

대부분의 종은 서로 조금씩 관련이 있다. 인간은 침팬지나 고릴라 같은 영장류와 가깝다. 또한 거대한 계통수를 타고 올라가면 수십억 년 전 처음으로 나타난 공통 조

토막 상식

• 침팬지와 보노보는 인간과 가까운 친척이다. 약 700만 년 전에 살았던 이들의 공통 조상 DNA는 인간과 99퍼센트 일치한다. 인간 역시 한때 여러 종이 존재했지만 한 종만 빼고 아주 오래전에 멸종했다. 지금까지 살아남은 종은 호모사피엔스 뿐이다.

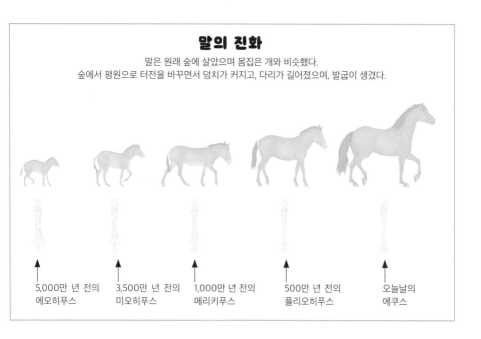

말의 진화

말은 원래 숲에 살았으며 몸집은 개와 비슷했다.
숲에서 평원으로 터전을 바꾸면서 덩치가 커지고, 다리가 길어졌으며, 발굽이 생겼다.

5,000만 년 전의 에오히푸스	3,500만 년 전의 미오히푸스	1,000만 년 전의 메리키푸스	500만 년 전의 플리오히푸스	오늘날의 에쿠스

상으로 이어진다. 최초의 생물은 전부 비슷하게 생겼으나, 서식지를 넓히고 살아남는 과정에서 서로 다른 유전자를 활용했다. 때문에 대를 이으면서 계속 변화가 생겼고, 결국 서식지에 따라 생물의 형태가 크게 다른 지경에 이르면서 완전히 다른 종으로 분화했다.

쪽지 시험

1. 진화론을 발표한 사람은 누구일까?
2. 자연 선택이란 무엇일까?
3. 개체마다 나타나는 작은 ___도 생존율에 영향을 미친다.
4. 말은 몸이 커지고 or 작아지고, 다리가 짧아지는 or 길어지는 방향으로 진화했다.
5. 종이 아닌 개체만 단독으로 진화할 수 있을까?

9.4 적응

어떠한 종이 선호하는 특정 지역이나 환경을 '서식지'라고 한다. 서식지는 덥고 건조할 수도, 춥고 습할 수도 있다. 동식물은 그리 호의적이지만은 않은 서식지에 적응하며 살아간다.

종은 서식지에서 살아남는 데 도움이 되는 특징을 진화시킨다. 이를 '적응'이라고 하는데 크게 세 가지로 나눌 수 있다.

구조 적응

생물의 형태나 구조가 변하는 현상이다. 키가 큰 나무의 이파리를 먹기 위해 늘어난 기린의 목이나, 애벌레의 의태가 여기에 해당한다.

행동 적응

습성이 달라지는 현상이다. 더운 지역에 사는 동물은 보통 야행성으로, 서늘한 밤에 일어나 활동한다. 일부 포식자는 몸집이 큰 피식자를 사냥하기 위해 무리를 짓는다. 또한 대다수 피식자는 근처에서 포식자를 발견하면 동료에게 경고를 보낸다.

생리 적응

생리 적응은 후각이 예민해지거나, 식성이 달라지거나, 독을 만드는 등의 변화를 일컫는다.

토막 상식

- 새는 하늘을 나는 삶에 적응했다. 가슴에는 날개를 움직이는 강력한 근육이 있으며, 뼛속을 비운 덕에 몸이 가볍다.

- 나비, 나방, 도마뱀의 일부 종은 숲 생활에 적응했다. 이들은 낙엽처럼 보이도록 위장술을 펼치는데, 잎 사이에 숨으면 굶주린 포식자라도 찾아내기 쉽지 않다.

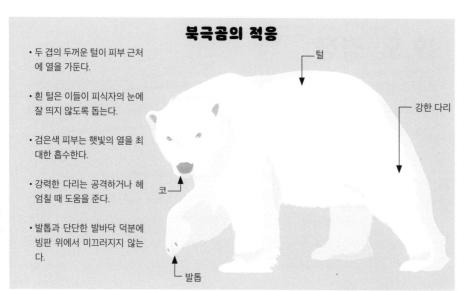

북극곰의 적응

- 두 겹의 두꺼운 털이 피부 근처에 열을 가둔다.

- 흰 털은 이들이 피식자의 눈에 잘 띄지 않도록 돕는다.

- 검은색 피부는 햇빛의 열을 최대한 흡수한다.

- 강력한 다리는 공격하거나 헤엄칠 때 도움을 준다.

- 발톱과 단단한 발바닥 덕분에 빙판 위에서 미끄러지지 않는다.

털

강한 다리

코

발톱

식물의 적응

식물 역시 동물처럼 서식지에 적응한다. 열대우림에 사는 일부 식물은 잎이 컵처럼 생긴 덕에 물을 모을 수 있다. 침수 식물은 잎이 부드러워서 물의 흐름에 따라 움직일 수 있으며, 부러지지 않는다.

건조한 서식지에 사는 식물을 '건생식물'이라고 한다. 이들은 살아남기 위해 여러 방면으로 적응했다. 일부는 물을 찾기 위해 뿌리를 길게 내렸고, 어떤 종은 이파리가 둥글고 두꺼우며, 표면에 반짝이는 층이 있어서 물이 빠져나가지 않는다. 선인장은 잎 대신 얇은 가시를 만든다. 가시 덕에 동물에게 먹히지 않으며, 수분이 잘 증발하지 않는다(83쪽 참고).

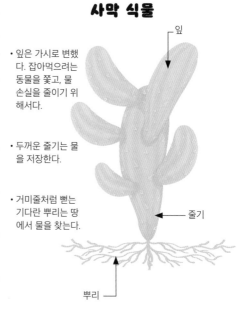

사막 식물

잎

- 잎은 가시로 변했다. 잡아먹으려는 동물을 쫓고, 물 손실을 줄이기 위해서다.

- 두꺼운 줄기는 물을 저장한다.

- 거미줄처럼 뻗는 기다란 뿌리는 땅에서 물을 찾는다.

줄기

뿌리

|9.5 경쟁

자연은 전쟁터다. 서식지는 생물에게 영양분, 짝, 보금자리를 제공하지만 부족할 때가 많다. 따라서 생물은 생존과 번식에 직결되는 중요한 자원을 차지하기 위해 끊임없이 경쟁한다.

경쟁은 종을 가리지 않고 일어날 수 있다. '종내경쟁'은 같은 종끼리 벌이는 경쟁이다. 길고양이들의 영역 다툼이 여기에 속한다. '종간경쟁'은 다른 종의 개체와 벌이는 싸움이다. 하이에나와 사자가 얼룩말 사체를 두고 싸우거나, 여러 식물이 햇빛을 확보하려 다투는 경우다. 종내경쟁이 종간경쟁보다 격렬할 때도 많다. 종이 같으면 생태 지위(생태계에서 수행하는 역할)가 역시 같아 동일한 자원을 필요로 하기 때문이다.

경쟁은 흔히 진화나 과장된 특징의 발현으로 이어진다. 어떤 새들의 사회에서는 깃털이 화려하거나 춤 실력이 출중할수록 암컷을 차지할 가능성이 크다. 수컷 사슴은 뿔이 거대할수록 싸움에서 이기기 쉽다.

포식자와 피식자

포식자와 피식자는 이해관계가 충돌하므로 계속 싸울 수밖에 없다. 포식자는 피식자를 먹으려 들지만, 포식자의 먹이로 생을 마감하고 싶은 피식자는 없다. 포식자와 피식자는 서로의 생존에 지대한 영향을 미치므로 함께 진화한다. 예를 들어 피식자가 빨리 달아나기 위해 다리를 늘리는 방향으로 진화하면, 포식자는 달리기 속도를 높이는 식으로 진화한다. 포식자가 시력을 강화하면, 피식자는 살아남기 위해 위장술에 더욱 신경 써야 한다.

토막 상식

• 동물은 서로 경쟁하지만 종종 협력하기도 한다. 같은 종 뿐만 아니라 다른 종과 힘을 합치기도 한다. 예를 들어 열대우림의 일부 식물은 개미가 줄기 안에 살게 둔다. 개미는 그 대가로 식물이 다른 동물의 공격을 받지 않도록 지킨다.

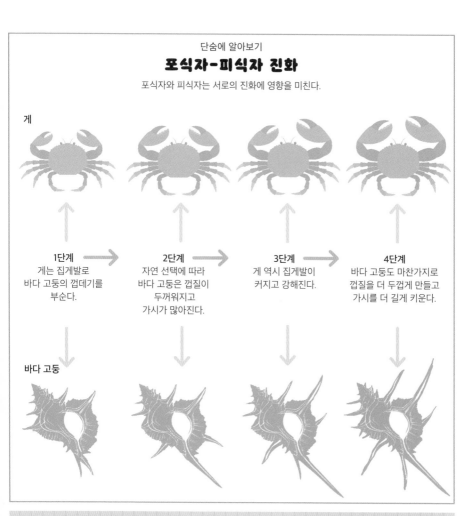

단숨에 알아보기

포식자-피식자 진화

포식자와 피식자는 서로의 진화에 영향을 미친다.

게

1단계
게는 집게발로
바다 고둥의 껍데기를
부순다.

2단계
자연 선택에 따라
바다 고둥은 껍질이
두꺼워지고
가시가 많아진다.

3단계
게 역시 집게발이
커지고 강해진다.

4단계
바다 고둥도 마찬가지로
껍질을 더 두껍게 만들고
가시를 더 길게 키운다.

바다 고둥

쪽지 시험

1. 공작새 수컷은 암컷을 차지하기 위해 서로 경쟁한다. 이러한 유형의 경쟁을 _____ 경쟁이라고 한다.

2. 송간경쟁과 종내경쟁 중 더 격렬한 것은 무엇일까?

3. 생물은 서로에게 도움이 되는 상황에서 _____ 하기도 한다.

4. 생물은 중요한 _____ 을 놓고 경쟁한다.

|9.6 선택 교배와 가축화

많은 이들이 반려동물과 삶을 공유하며 떼려야 뗄 수 없는 관계를 형성한다. 하지만 인간이 원래부터 다른 동물들과 우호적인 것은 아니었다. 반려동물이 존재하는 이유는 과거 우리 조상이 동물을 길들이려 노력했기 때문이다.

자연 선택은 유기체가 자연환경에서 압박을 받으며 발생한다. 하지만 인간 역시 종의 변화를 강요할 수 있다. 인간은 먼 옛날부터 자신에게 유용한 특징이 있는 동식물 개체를 골라서 번식시켰다. 이를 '선택 교배', 혹은 '인위적 세대 형성'이라고 한다. 키가 큰 밀, 우유를 많이 만드는 젖소, 각양각색의 꽃, 수백 종의 개가 존재하는 이유다.

토막 상식

• 개의 종류는 300가지가 넘는다. 모두 카니스 파밀리아리스(CANIS FA-MILIA RIS)에 속하지만, 오래전부터 이루어진 선택 교배로 인해 치와와부터 그레이트데인에 이르기까지 다양한 품종으로 나뉘었다. 여러 가지 품종을 개발한 이유는 사냥개, 투견, 경비견, 목양견, 애완견 등 다양한 용도로 활용하기 위해서였다.

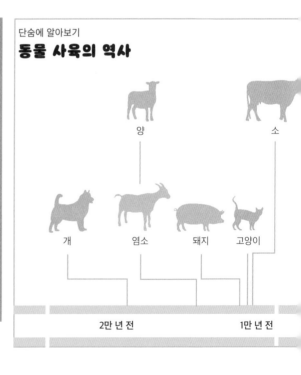

단숨에 알아보기
동물 사육의 역사

양　　　소

개　　염소　　돼지　　고양이

2만 년 전　　　　　　1만 년 전

먹이와 우정

인간이 오랜 세대에 걸쳐 동식물을 기르는 작업을 '가축화'라고 표현한다. 수천 년 동안 인간은 야생동물을 길들였고, 선택 교배를 통해 인간에게 친근한 성격 및 도움이 되는 특성을 극대화했다. 회색늑대의 후손인 개는 인간을 보호하고, 썰매를 끌며 최소 2만 년 동안 인간과 함께 했다.

인간은 사냥과 채집으로 만족하는 대신 농사를 짓고 식량을 저장했다. 이 과정에서 염소, 양, 닭, 돼지, 소 같은 동물을 길들였다. 이후 가축이 된 당나귀, 말, 낙타는 무거운 짐을 옮기는 운송 수단으로 탈바꿈했다.

무리를 지어 사는 동물은 우두머리를 따르는 습성이 있어 비교적 길들이기 쉽다. 단독 생활을 하는 고양이의 가축화는 상당히 특이한 사례다. 일부 과학자는 고양이를 완전히 가축화하는 것은 어렵다고 주장한다. 이들은 여전히 독립심이 강하며 다른 가축만큼 외모와 습성이 변하지 않았기 때문이다.

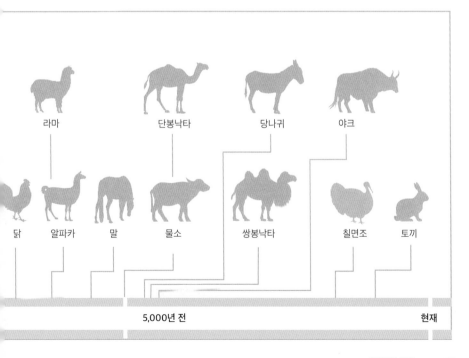

라마   단봉낙타   당나귀   야크

닭   알파카   말   물소   쌍봉낙타   칠면조   토끼

5,000년 전   현재

9.7 멸종

개체 하나가 죽듯이 종 자체가 사라질 수도 있다. 질병, 자연재해, 사냥 등 다양한 위협으로 인해 종의 모든 개체가 죽으면 해당 종이 '멸종했다'고 표현한다.

진화는 매우 느리다. 따라서 환경이 급격하게 변하면 특정 종이 생존 경쟁에서 밀리는 상황이 생길 수 있다. 멸종을 유발하는 변화로는 서식지 파괴, 새로운 질병, 낯선 포식자나 경쟁자, 인간과의 경쟁, 가뭄과 같은 환경 변동 등이 있다. 멸종한 동물은 다시 복구할 수 없다. 유전자를 물려줄 개체가 존재하지 않기 때문이다.

대멸종

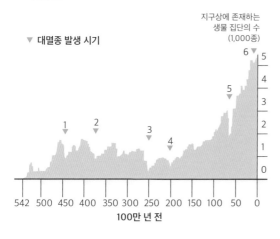

▼ 대멸종 발생 시기

지구상에 존재하는
생물 집단의 수
(1,000종)

100만 년 전

멸종 가능성이 있는 종은 멸종위기종으로 분류된다. 현재 멸종위기종은 수천 종에 이른다. 대왕판다, 호랑이, 아프리카 펭귄이 여기에 해당하며, 멸종위기종 대다수는 개체 수조차 파악하기 어려운 실정이다. 개체 수가 적을수록 종의 유전 다양성이 줄어들고, 유전 다양성이 낮을수록 변화에 적응하기 어렵다. 따라서 멸종위기종은 서식지 변화에 굉장히 취약하며, 서식지 환경이

토막 상식

• 어떤 이들은 미래 과학자들이 화석의 DNA를 복제하는 방법으로 도도새나 공룡처럼 멸종한 종을 살려낼 수 있으리라 믿는다.

• 오래전에 멸종했다고 생각한 종이 다시 나타나는 일도 있다. 윌리스 거인 꿀벌(WALLACE'S GIANT BEE)은 1981년에 자취를 감추었다가 2019년 1월에 인도네시아의 한 숲에서 모습을 드러냈다.

대멸종

오르도비스기-실루리아기
4억 4,000억 년 전
86퍼센트 멸종

데본기 말기
3억 6,500만 년 전
75퍼센트 멸종

페름기-트라이아스기
2억 5,200만 년 전
96퍼센트 멸종

트리아이스기-쥐라기
2억 100만 년 전
80퍼센트 멸종

백악기-팔레오기
6,600만 년 전
75퍼센트 멸종

홀로세
1만 1,700년 전부터
현재까지

달라지면 순식간에 멸종한다. 사냥꾼이나 수집가 역시 엄청난 위협이 된다.

대멸종

가끔 많은 종이 한 번에 멸종할 때가 있다. 이를 '대멸종'이라고 한다. 약 6,600만 년 전, 백악기-팔레오기에 공룡을 비롯한 동식물 4분의 3이 사라지는 사건이 발생했다. 원인은 정확히 알 수 없지만, 가장 많은 지지를 받는 이론에서는 거대한 소행성이 지구에 충돌했고, 그 충격으로 인해 갖가지 자연재해가 발생했으며, 엄청난 먼지구름이 태양을 가려 대멸종이 발생했다고 추정한다.

9.8 화석

우리는 인간이 나타나기 한참 전에 멸종한 동물의 생김새를 훤히 꿰고 있다. 암모나이트나 트리케라톱스 역시 익숙하다. 사라진 종의 생김새와 습성을 아는 이유는 현존하는 유사종을 자세히 관찰했기 때문이며, 존재를 확신한 근거는 화석을 찾았기 때문이다.

암석에서 떨어져 나온 작은 조각과 각종 잔해가 물에 짓눌리면 퇴적암(78쪽 참고)이 된다. 죽은 동식물은 오랜 시간을 거치면서 퇴적물 사이에 깔리고, 암석에 섞인 채 화석이 된다. 화석은 생물에 관한 정보를 보존하고 있어 우리가 경험하지 못한 과거에 대한 열쇠가 된다.

토막 상식 • 동식물만 화석이 되지는 않는다. 화석을 연구하는 고생물학자들은 발자국, 알, 심지어 대변 화석도 찾아냈다.

쪽지 시험

1. 화석이 발견되는 암석은 무엇일까?
2. 생물의 잔해에서 화석으로 남지 않는 부분은 어디일까?
3. 화석을 연구하는 과학자를 뭐라고 부를까?
4. 화석이 지표면으로 나오는 계기는 무엇일까?
5. 다른 시기에 죽은 생물은 나타나는 암석___ 역시 다르다.

화석의 형성

1. 죽음
동물이 죽어서
바다나 강에 가라앉는다.

2. 부패
눈이나 장기처럼 부드러운 부분은 빠르게
썩어 없어지지만 뼈, 껍데기,
치아처럼 단단한 부위는 남는다.

3. 퇴적
잔해가 퇴적층에 천천히 덮이고
압력을 받으면서 퇴적암 일부가 된다.

4. 이동
지구 지각이 움직이면서 화석이 있는
바위층이 지면으로 올라온다.

5. 발견
바위가 낡거나 부서지면서
화석이 드러난다.

유전자와 진화

1. 인간의 세포에 있는 염색체는 몇 개일까?

A. 41

B. 48

C. 42

D. 46

2. DNA 염기를 나타내는 기호는 무엇일까?

A. A, B, C, D

B. A, C, G, T

C. A, D, P, T

D. A, B, G, P

3. 이 중 행동 적응이 아닌 것은 무엇일까?

A. 기온이 떨어지는 밤에 주로 활동한다

B. 동면한다

C. 따뜻한 장소로 이동해서 겨울을 난다

D. 온기를 보존하기 위해 두꺼운 털을 만든다

4. 진화는 ___ 일어난다.

A. 느리게

B. 갑작스럽게

C. 빠르게

D. 드물게

5. 같은 종의 개체끼리 벌이는 경쟁을 ___라고 한다.

A. 종간경쟁

B. 종국경쟁

C. 종래경쟁

D. 종내경쟁

6. 개의 조상은 무엇일까?

A. 갈색하이에나

B. 회색늑대

C. 아프리카들개

D. 갈기늑대

7. 공룡을 지구상에서 지운 대멸종이 일어난 시기는 언제일까?

A. 6,600만 년 전

B. 440억 년 전

C. 550억 년 전

D. 3,300만 년 전

8. 동물의 부위 중 화석으로 남지 않는 것은 어디일까?

A. 뼈

B. 치아

C. 눈

D. 껍데기

9. 개체마다 DNA 차이가 나타나는 현상은 무엇일까?

A. 유전

B. 자연 선택

C. 유전 변이

D. 자연종

10. 이 중 DNA가 같은 유일한 관계는 무엇일까?

A. 친척

B. 어머니와 딸

C. 증조부와 증손주

※ 정답은 210쪽에서 확인할 수 있어요.

9장

간단 요약

우리 몸의 거의 모든 세포에는 유전 정보, 즉 DNA를 간직한 핵이 있다. DNA는 몸을 구성하고 유지하는 데 필요한 설계도다.

- DNA는 '유전 물질'이다. 세대에서 세대로 전해진다는 뜻이다.
- 다윈의 자연 선택 이론에 따르면 생존을 돕는 유전자와 특성을 가진 개체는 다른 개체보다 오래 살면서 유용한 유전자를 자손에게 물려줄 가능성이 크다.
- 종은 계속 생존하기 위해 천천히 새로운 특성을 개발한다. 이를 '적응'이라고 하는데, 서식지에서 살아남는 데 도움이 된다.
- 생물은 생존과 번식에 직결되는 중요한 자원을 차지하기 위해 경쟁한다.
- '선택 교배'란, 인간에게 유용한 특징이 있는 동식물 개체를 골라서 번식시키는 작업이다.
- 멸종을 유발하는 변화로는 서식지 파괴, 새로운 질병, 낯선 포식자나 경쟁자, 인간과의 경쟁, 가뭄과 같은 현상으로 인한 환경 변동 등이 있다.
- 죽은 동식물은 오랜 시간이 지나면서 퇴적물 사이에 깔리며 암석에 섞인 채 화석이 된다.

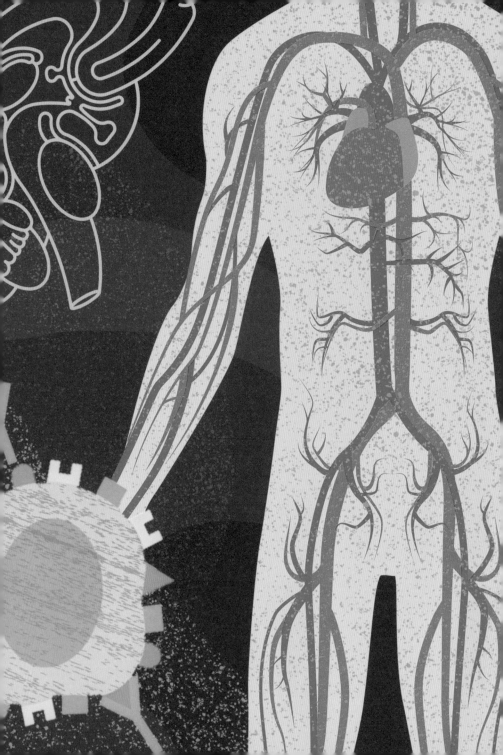

10

인체

우리 몸은 여러 가지 기계로 가득한 공장과도 같다. 각종 기관과 계는 밤낮을 가리지 않고 중요한 업무를 수행한다. 에너지를 공급하고, 생각을 자극하고, 움직임을 돕고, 건강을 유지하기 위해서다.

이번 장에서 배우는 것

골격계와 근육계	소화계
호흡계	면역계
순환계	신경계
구강	생식계

|10.1 골격계와 근육계

피부 아래에는 우리의 생명을 유지하는 복잡한 조직의 집합이 존재한다. 골격계는 이를 지탱해 주고, 근육계는 우리가 움직일 수 있게 한다.

근골격계

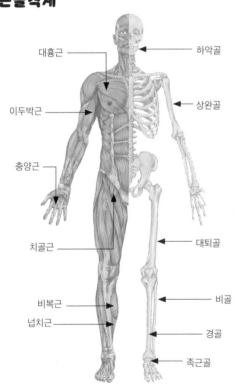

대흉근

하악골

이두박근

상완골

충양근

치골근

대퇴골

비복근

비골

넙치근

경골

족근골

성인의 골격계는 206개의 뼈로 이루어진다. 갓 태어난 아기의 뼈는 300개 정도지만 자라면서 일부가 서로 붙는다. 골격계가 없으면 몸을 흐느적거리게 되고, 거의 움직일 수도 없다. 골격계의 핵심 역할은 다음과 같다.

• 신체를 지탱한다.
• 몸의 움직임을 돕는다.
• 뇌, 심장, 폐 같은 부드러운 장기를 보호한다.
• 새로운 혈액세포를 생산한다.

관절

갈비뼈는 거의 움직이지 않지만, 다리뼈나 턱뼈 같은 경우는 다양한 방향으로 움직인다. 이런 뼈는 관

토막 상식 • 골격계를 받치는 골격근 외에 다른 근육도 있다. 심장근은 심장의 벽을 형성하는 근육이며(197쪽 참고), 심장 외 기관의 벽에서는 평활근을 찾을 수 있다. 체중에서 대략 절반 정도는 근육이라고 보아도 무방하다.

관절

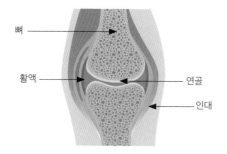

뼈

활액 — 연골

인대

절이라고 부르는 지점에서 서로 결합한다. 뼈끝에는 연골이라는 부드러운 조직이 있는데 활액이라는 액체 때문에 미끈거린다. 활액은 뼈에 손상이 생기지 않도록 막아준다. 작은 조각처럼 생긴 조직인 인대는 뼈를 연결하고 떨어져 나가지 못하게 붙잡는다.

근육

골격근은 골격에 붙은 연조직이다. 몸에는 600개가 넘는 골격근이 존재하며, 모두 몸의 움직임을 돕는다. 근육은 수축하면서 뼈를 당긴다. 근육이 수축하면서 뼈를 한쪽으로 최대한 당겨왔다면 이제 밀어내야 한다. 무릎을 굽힌 채로 영원히 살 생각이 없다면 말이다. 반대편에 있는 근육을 수축시키면 뼈가 밀려난다. 근육이 수축하는 쪽으로 뼈가 이동한다는 뜻이다.

단숨에 알아보기
짝을 이루는 근육

팔을 구부릴 때   팔을 펼 때

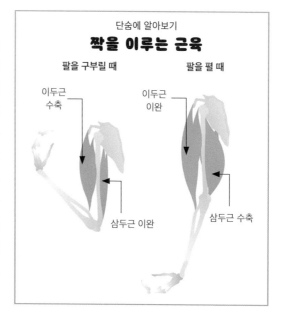

이두근 수축

이두근 이완

삼두근 이완

삼두근 수축

10.2 호흡계

숨을 오래 참으면 세포의 에너지가 떨어지면서 산소가 부족해진다. 호흡계는 공기에서 산소를 흡수해 전신에 전달한다.

온몸의 세포에 산소를 공급하는 기관과 조직을 일컬어 호흡계라고 부른다. 세포는 움직이고, 성장하고, 보수하기 위해 영양분을 에너지로 바꾸는데, 이 과정에는 산소가 필요하다. 산소와 포도당으로 에너지를 만드는 과정을 '유기 호흡'이라고 한다.

폐 안으로

호흡은 무의식적인 행동이지만 과정이 간단하지만은 않다. 먼저 허리를 둘러싼 근육이 횡격막을 잡아당긴다. 횡격막이 아래로 내려가면 폐가 팽창하면서 공기를 빨아들인다. 공기는 기관을 따라 이동하고, 폐 근처에서 '기관지'라는 두 개의 통로로 갈라져 각각 양쪽 폐로 향한 뒤, '세기관지'라는 더 미세한 통로로 나누어진다. 세기

토막 상식

- 천식 환자가 먼지, 동물, 스트레스, 담배, 격렬한 운동 등 특정 요인에 노출되면 기도가 붓고 점액으로 막힌다. 이럴 때 흡입기를 사용하면 약물이 폐에 닿으면서 근육이 풀린다.

- 강도 높은 운동을 하면 근육이 필요로 하는 에너지가 늘어난다. 이때 산소가 몸이 요구하는 만큼 빠르게 세포에 도달해 에너지를 공급하지 못하면 '무기 호흡'이 발생한다. 무기 호흡은 산소를 사용하지 않으며, 에너지 생산량이 적고, 젖산이라는 폐기물이 남는다. 근육통의 원인이 바로 젖산이다. 젖산은 다시 유기 호흡을 되찾으면 분해된다.

허파꽈리 내부

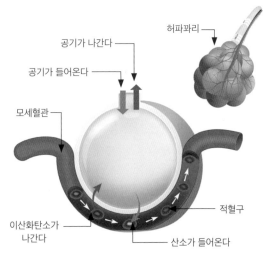

허파꽈리

공기가 나간다

공기가 들어온다

모세혈관

적혈구

이산화탄소가 나간다

산소가 들어온다

호흡계

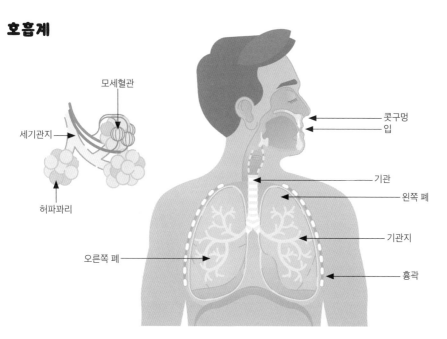

모세혈관

세기관지

허파꽈리

오른쪽 폐

콧구멍
입

기관

왼쪽 폐

기관지

흉곽

관지 끝에는 '허파꽈리'라는 공기주머니 다발이 있다. 허파꽈리는 무수히 많으며, 표면적을 전부 합치면 테니스 코트와 비슷한 정도이다.

기체 교환

허파꽈리 표면에는 '모세혈관'이라는 작은 혈관이 있다. 산소는 허파꽈리의 얇은 벽을 통해 혈액으로 퍼진다. 적혈구는 산소를 모은 뒤, 온몸을 돌면서 세포마다 산소를 전달한다. 세포가 에너지를 생산하는 데 차질이 없도록 하기 위해서다.

이산화탄소는 대기의 일부이자 유기 호흡의 노폐물인데, 인체는 이를 사용하지 못하므로 호흡에 실려 나간다. 숨을 내쉬며 속을 비운 폐는 다시 산소를 받아들인다.

쪽지 시험

1. 유기 호흡에 필요한 두 가지는 무엇일까?
2. 몸을 돌며 산소를 운반하는 세포는 무엇일까?
3. 유기 호흡에서 노폐물로 배출되는 기체는 무엇일까?
4. 무기 호흡을 길게 하지 않는 이유는 무엇일까?
5. 근육통의 원인은 무엇일까?

10.3 순환계

순환계는 혈관을 통해 혈액을 보내는 일을 관할하고 있다. 혈액은 물, 영양분, 산소와 같은 중요한 성분을 세포에 전달하고, 세포의 노폐물을 제거한다.

강한 근육으로 무장한 심장은 혈액이 끊임없이 돌도록 박동한다. 혈액은 적혈구, 백혈구, 혈소판으로 이루어진다. 세 가지 세포는 모두 골수(커다란 뼈 안에 있는 연조직)에서 만들어지지만 순환계에서 하는 역할은 다르다.

심장

인간의 순환계

동맥
산소를 머금은 혈액을 심장에서 멀리 떨어진 부위까지 보낸다.

정맥
산소가 빠져나간 혈액을 심장으로 보낸다.

심장 박동

심장에는 양쪽에 두 개씩, 총 네 개의 공간이 있다. 심장이 박동하면 오른쪽 부위에서 폐로 혈액이 밀려 나간다. 혈액은 허파꽈리(195쪽 참고) 표면의 모세혈관을 따라 흐르며, 들숨에서 산소를 모은 뒤 산소를 머금은 채 심장의 왼쪽

1. 혈소판의 역할은 무엇일까?

2. 심장이 밀어낸 산소가 풍부한 피를 운반하는 혈관은 무엇일까?

3. 혈액이 나르는 것은 무엇일까?

4. 혈소판을 만드는 곳은 어디일까?

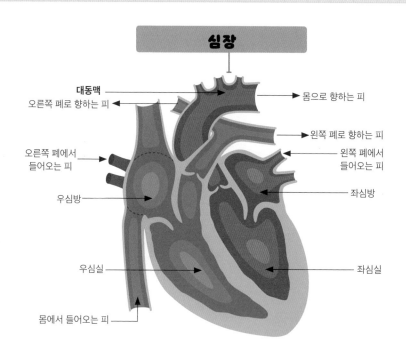

심장

대동맥

오른쪽 폐로 향하는 피

몸으로 향하는 피

왼쪽 폐로 향하는 피

오른쪽 폐에서 들어오는 피

왼쪽 폐에서 들어오는 피

우심방

좌심방

우심실

좌심실

몸에서 들어오는 피

으로 돌아온다. 그리고 다음 박동에 밀리며 심장을 빠져나간다. 산소가 풍부해진 혈액은 온몸을 돌면서 기관과 조직에 산소를 공급한다. 몸을 순환하다 보면 산소가 바닥나는 순간이 온다. 심장이 박동하면서 산소를 잔뜩 실은 혈액을 계속 뿜어내므로 산소가 떨어진 혈액은 혈관을 따라 계속 밀려난다. 결국 산소가 빠진 혈액은 심장에 도착하며 순환의 첫 단계로 돌아간다.

10.4 구강

입은 소화계의 시작으로. 음식이 몸에 들어가는 입구이자 처음 분해되는 곳이기도 하다. 고체인 음식은 대부분 크기 때문에 바로 삼키기 어렵다. 따라서 치아로 다진 다음에 소화를 시작한다.

치아는 음식을 자르고 으깬다. 침은 조각난 음식을 적셔서 목구멍으로 수월하게 넘어갈 수 있도록 한다. 혀는 음식을 이리저리 운반하며 씹고 삼키는 작업을 돕는다. 치아의 형태는 식성에 따라 다르다. 인간은 잡식 동물이며 다양한 음식을 먹는다. 따라서 치아의 종류도 네 가지에 달한다.

인간의 치아 유형

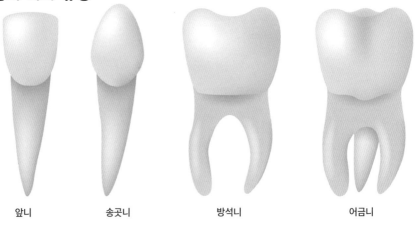

| 앞니 | 송곳니 | 방석니 | 어금니 |

- **앞니**: 정면에 있는 직사각형 모양의 치아다. 여덟 개가 있으며, 음식을 씹기 쉬운 크기로 조각 낼 때 사용한다.
- **송곳니**: 음식을 찢는 데에 사용하는 뽀족한 치아다. 네 개가 있다.
- **방석니**: 송곳니 옆의 치아다. 음식을 으깨기 좋게 끝이 납작하다.
- **어금니**: 뒤쪽에 있는 치아다. 크고 납작해 음식을 다지는 역할을 한다.

치아의 구조

잇몸에 숨은 뿌리는 위로 드러난 부위보다 훨씬 길다. 치아 뿌리의 역할은 치아를 고정하여 음식을 먹는 동안 치아가 빠지지 않도록 막는 것이다.

치아 한가운데에는 '치수'라는 부드러운 물질이 있다. 치수는 혈관과 신경을 통해 영양분을 받고 뇌로 신호를 보낸다. 치수를 덮고 보호하는 단단한 물질을 '상아질'이라고 한다. 치수와 상아질을 두껍게 감싸는 더 딱딱한 물질이 '법랑질'이다. 겉으로 드러난 부분이자 우리가 칫솔로 닦는 층이다. 법랑질이 맡은 역할을 잘 수행하고 치아 내부를 제대로 보호하기를 바란다면 신경 써서 관리해야 한다. 잇몸 아래에는 뿌리를 감싸고 지키는 '백악질'이 있다.

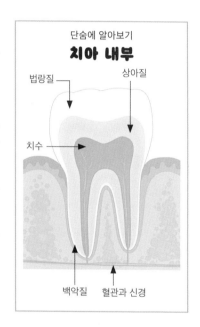

단숨에 알아보기
치아 내부

법랑질 상아질

치수

백악질 혈관과 신경

쪽지 시험

1. 음식을 찢는 치아는 무엇일까?

2. 인간의 치아 형태가 다양한 이유는 무엇일까?

3. 침의 역할은 무엇일까?

4. 충치란 무엇일까?

5. 치아에서 신경과 혈관이 있는 곳은 어디일까?

10.5 소화계

소화계는 음식을 에너지로 바꾸는 기관의 집합이다. 단순히 씹는 것으로는 충분하지 않다. 소화계로 들어간 음식은 여러 단계를 거쳐 에너지로 변한다.

음식은 식도를 따라 위장으로 이동한다. 위산과 효소는 해로운 미생물을 죽이고 걸쭉한 반죽처럼 만든다. 위장이 음식을 최대한 여기에서 소화하고 나면, 음식은 창자로 향한다. 여기에서 소화 과정 대부분이 일어난다. 창자는 소장과 대장으로 나뉘는데, 음식이 먼저 거치는 곳은 소장이다. 소장은 효소를 분비해 음식을 분자 단위로 분해한다. 완전히 소화된 음식 분자는 장벽을 통과한 다음, 혈액을 타고 세포로 가서 영양분이 된다. 몸의 성장, 수리, 유지에 도움을 주는 성분을 영양분이라고 한다. 지방, 탄수화물, 단백질, 비타민이 여기에 해당한다.

소화계

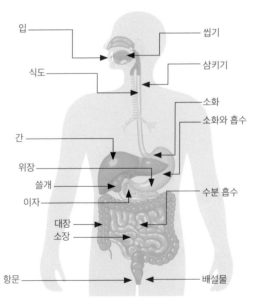

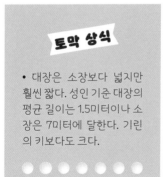

토막 상식

• 대장은 소장보다 넓지만 훨씬 짧다. 성인 기준 대장의 평균 길이는 1.5미터이나 소장은 7미터에 달한다. 기린의 키보다도 크다.

세포는 에너지를 만들기 위해 탄수화물의 일종인 포도당과 산소를 사용한다. 대장에 도달하는 물질은 대부분 인체가 소화하거나 사용할 수 없는 찌꺼기다. 남은 수분은 장 벽을 통해 흡수해 재활용하며, 나머지 폐기물은 항문으로 배설한다.

다른 기관

소화계에는 위와 창자 외에도 다양한 기관이 있다. 이자는 소화를 촉진하는 효소를 만든다. 간은 지방과 기름을 분해하는 담즙을 생산한다. 간 아래에 있는 작은 주머니인 쓸개는 담즙과 효소를 보관하다가 음식이 소화계로 들어올 때 분비한다.

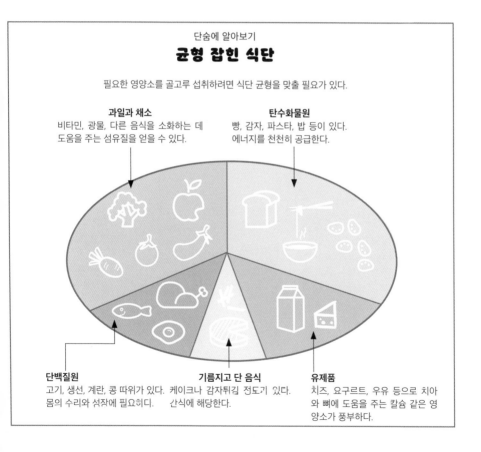

단숨에 알아보기

균형 잡힌 식단

필요한 영양소를 골고루 섭취하려면 식단 균형을 맞출 필요가 있다.

과일과 채소
비타민, 광물, 다른 음식을 소화하는 데 도움을 주는 섬유질을 얻을 수 있다.

탄수화물원
빵, 감자, 파스타, 밥 등이 있다. 에너지를 천천히 공급한다.

단백질원
고기, 생선, 계란, 콩 따위가 있다. 몸의 수리와 성장에 필요히디.

기름지고 단 음식
케이크나 감자튀김 정도기 있다. 간식에 해당한다.

유제품
치즈, 요구르트, 우유 등으로 치아와 뼈에 도움을 주는 칼슘 같은 영양소가 풍부하다.

10.6 면역계

해로운 세균과 바이러스가 몸에 들어오면 병이 생길 수 있다. 우리는 매일 엄청나게 많은 세균과 접촉하지만, 그렇다고 매일 병에 걸리지는 않는다. 면역계가 몸을 지키고 건강을 유지하기 때문이다.

피부, 속눈썹, 침은 해로운 미생물이 몸에 들어오지 못하게 막는다. 면역계는 이러한 방어선을 뚫은 침입자(병원균)를 제거한다. 면역계는 림프샘, 비장, 흉선, 골수 등의 장기와 조직으로 이루어지며, 병원균을 퇴치하기 위해 협력하는 다양한 세포를 생산한다. 이 중 가장 중요한 세포가 백혈구다.

인간의 면역계

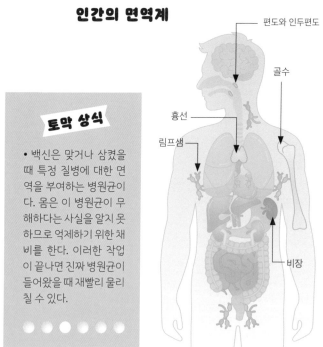

편도와 인두편도

골수

흉선

림프샘

• **편도와 인두편도:** 코와 입으로 들어오는 세균을 가둔다.

• **흉선:** 림프구가 성숙하는 장소다.

• **골수:** 백혈구를 생산한다.

• **림프샘:** 세균과 싸우는 세포의 운반책인 림프액을 만든다.

• **비장:** 백혈구를 비축하고 혈액에 섞인 병원균을 탐지한다.

비장

토막 상식

• 백신은 맞거나 삼켰을 때 특정 질병에 대한 면역을 부여하는 병원균이다. 몸은 이 병원균이 무해하다는 사실을 알지 못하므로 억제하기 위한 채비를 한다. 이러한 작업이 끝나면 진짜 병원균이 들어왔을 때 재빨리 물리칠 수 있다.

몸의 수비군

백혈구는 혈관을 타고 몸을 순찰하다가 병원균을 마주치면 경고 신호를 보낸다. 그러면 지원군이 신속하게 도착해 함께 문제를 제거한다. 백혈구는 수행하는 역할에 따라 크게 두 가지로 나뉜다.

- **식세포**: 침입자를 잡아먹는다.
- **림프구**: 체내에 침입한 사례가 있는 모든 병원균과 제거법을 기억한다.

침입한 병원균
세포는 병원균과 딱 맞게
결합하는 항체를 만든다.

일부 세포는 항체를 형성한다. 항체는 병원균에 결합해 일종의 신호처럼 다른 세포에 병원균을 흡수하고 파괴하라는 지시를 보낸다. 병원균은 전부 다르게 생겼으므로 항체를 정확하게 만들어야 딱 달라붙을 수 있다. 항체는 침입자가 사라진 뒤에도 남는다. 따라서 같은 질병에 또 걸리더라도 항체를 다시 만들 필요는 없다.

아기는 태어날 때부터 어느 정도 면역력을 갖추고 있다. 자궁에 있을 때 모체로부터 항체를 받았기 때문이다. 나머지 면역계는 여러 가지 병원균을 만나며 발달한다. 우리가 아플 때마다 몸은 학습하고 방어 체계를 개선한다.

쪽지 시험

1. 백혈구를 만드는 장소는 어디일까?
2. 침입자를 먹는 백혈구는 무엇일까?
3. 병원균에 달라붙는 물질은 무엇일까?
4. 비장의 역할은 무엇일까?

10.7 신경계

행복했던 기억을 떠올려 보자. 그리고 눈을 세 번 깜빡여 보자. 간단한 행동이라고 느낄지 모르겠지만, 몸은 방금 시킨 작업을 하기 위해 많은 메시지를 빠르게 주고받아야 했다. 신경계 덕분에 가능한 일이다.

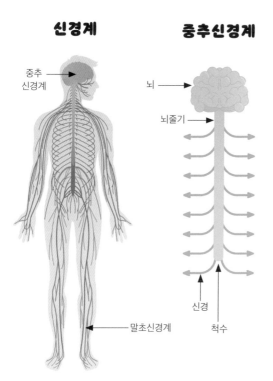

신경계

- 중추신경계
- 말초신경계

중추신경계

- 뇌
- 뇌줄기
- 신경
- 척수

머리뼈의 보호를 받는 뇌는 신경계의 사령부이자 슈퍼컴퓨터로, 정보를 받아들이고 다른 부위에 메시지를 보내는 일을 한다. 눈을 깜빡이고, 호흡하고, 노래 부르고, 친구의 생일을 기억하는 것까지 전부 뇌의 관할이다. 뇌는 여러 부위로 나눌 수 있으며 저마다 역할이 다르다.

뇌의 아랫부분을 '뇌줄기'라고 한다. 뇌줄기는 척수와 뇌를 연결한다. 척수는 뇌와 다른 신체 부위 사이의 정보 전달을 돕는다. 뇌, 뇌줄기, 척수가 모여 중추신경계를 구성한다. 하지만 중추신경계는 다른 신경 없이는 아무것도 할 수 없다.

토막 상식

• 꿈을 꾸는 이유를 정확히 아는 사람은 아무도 없다. 일부 과학자는 뇌가 받은 정보를 모두 이해하기 위해 꿈을 꾼다고 한다. 상상의 장면을 재생하면서 여러 사실과 느낌의 연관성을 확인하고, 기억으로 남길 부분을 판단한다는 주장이다.

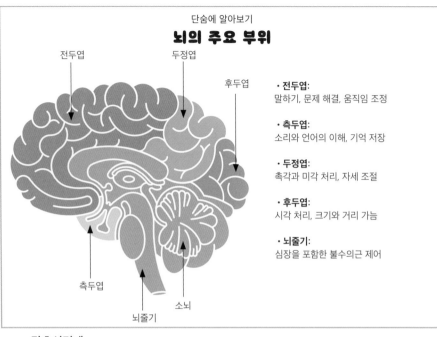

뇌의 주요 부위

전두엽

두정엽

후두엽

측두엽

뇌줄기

소뇌

- **전두엽:**
  말하기, 문제 해결, 움직임 조정

- **측두엽:**
  소리와 언어의 이해, 기억 저장

- **두정엽:**
  촉각과 미각 처리, 자세 조절

- **후두엽:**
  시각 처리, 크기와 거리 가늠

- **뇌줄기:**
  심장을 포함한 불수의근 제어

말초신경계

　말초신경계는 몸을 타고 흐르는 신경의 집합이다. 신경은 뉴런이 이루는 가느다란 섬유다. 뉴런은 약한 전기 펄스의 형태로 정보를 전달한다. 눈, 혀, 손가락 등의 감각 수용기가 뇌에 정보를 보내면, 뇌는 지시 사항을 전달한다. 메시지는 신경을 타고 빠른 속도로 이동한다. 실수로 뜨거운 물체를 만지면 눈 깜짝할 사이에 손을 뒤로 뺀다는 사실을 생각해 보자.

　같은 메시지를 여러 번 주고받으면 새로운 신경 경로가 생기면서 신경계 구조가 미세하게 변한다. 이것이 학습의 원리다. 어떤 것을 연습할 때마다 뇌는 특정 경로를 강화해 움직임이나 생각을 더 정밀하게 통제하려고 한다.

쪽지 시험

1. 전신에 메시지를 전달하는 세포는 무엇일까?
2. 중추신경계를 이루는 세 가지는 무엇일까?
3. 뇌를 보호하는 것은 무엇일까?
4. 뇌에서 기억을 저장하는 곳은 어디일까?
5. 눈과 손가락은 어디에 속할까?

10.8 생식계

인간이 번식하려면 두 개체의 성세포, 즉 생식세포가 필요하다. 남성과 여성의 생식계가 다른 이유는 각자 생식세포를 만들고 합치기 위해서다.

인간의 생식계는 태어날 때부터 존재하지만 최소 몇 년은 기다려야 제대로 기능한다. 어린이는 생식계가 완전하게 발달하지 않은 상태이며, 더 자라서 8~14세 무렵이 되면 사춘기에 접어든다. 사춘기가 찾아오는 이유는 몸에서 화학물질을 분비하기 때문이다. 사춘기에는 성장 속도가 빨라지고 체모가 발달하며, 남성은 목소리가 변하고 여성은 유방이 발달한다.

여성은 사춘기에 월경을 시작한다. 월경을 경험했다는 것은 아이를 가질 수 있다는 뜻이다. 월경 주기가 돌아오면 자궁벽이 두꺼워지고 난소 하나가 나팔관을 통해 난자를 배출한다. 난자가 정자와 만나지 않으면 자궁벽이 벗겨지고 출혈이 발생한다.

생식기관

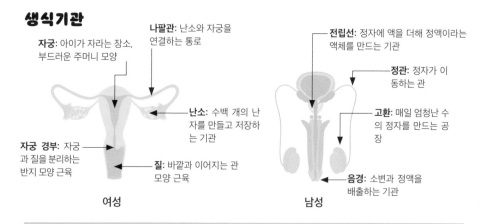

자궁: 아이가 자라는 장소, 부드러운 주머니 모양

나팔관: 난소와 자궁을 연결하는 통로

난소: 수백 개의 난자를 만들고 저장하는 기관

자궁 경부: 자궁과 질을 분리하는 반지 모양 근육

질: 바깥과 이어지는 관 모양 근육

전립선: 정자에 액을 더해 정액이라는 액체를 만드는 기관

정관: 정자가 이동하는 관

고환: 매일 엄청난 수의 정자를 만드는 공장

음경: 소변과 정액을 배출하는 기관

여성   남성

토막 상식
• 여성은 평생 사용할 난자를 전부 갖추고 태어난다. 50세 무렵이 되면 갱년기(완경기)를 거치며 월경이 멈추고 임신 기능을 잃는다.

임신

남성이 여성의 질 안에 정액을 배출하면 난자가 나팔관에서 정자를 만난다. 가장 빠른 정자가 난자를 향해 헤엄친 다음, 난자와 DNA(174쪽 참고)를 결합한다. 그러면 난자가 수정되고 여성은 임신한다. 수정란은 자궁으로 이동해 두꺼운 벽에 붙는다. 세포는 아홉 달에 걸쳐 분열을 거듭하다가 태아로 자란다. 태아는 모체와 연결된 관을 통해 산소와 영양분을 받는다. 아기가 태어날 준비를 마치면 자궁 경부가 이완하고 자궁 근육이 태아를 질 너머로 밀어낸다.

단숨에 알아보기
임신 과정

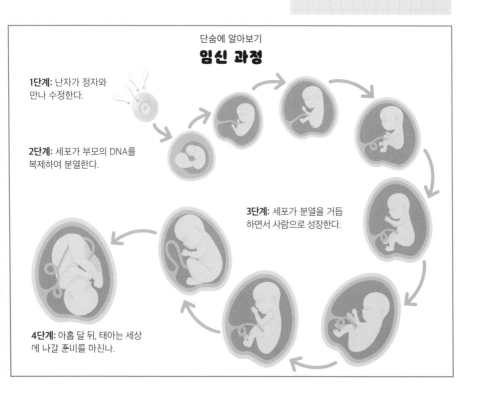

1단계: 난자가 정자와 만나 수정한다.

2단계: 세포가 부모의 DNA를 복제하여 분열한다.

3단계: 세포가 분열을 거듭하면서 사람으로 성장한다.

4단계: 아홉 달 뒤, 태아는 세상에 나갈 준비를 마친다.

인체

1. 이 중 뼈의 기능이 아닌 것은 무엇일까?

A. 부드러운 기관을 보호한다

B. 몸을 지지한다

C. 새로운 혈액 세포를 생산한다

D. 혈액을 운반한다

2. 어금니의 역할은 무엇일까?

A. 음식을 간다

B. 음식을 찢는다

C. 음식을 자른다

D. 음식을 찾는다

3. 호흡하는 동안 혈액에서 빠져나가는 기체는 무엇일까?

A. 산소

B. 메탄

C. 헬륨

D. 이산화탄소

4. 산소가 빠진 혈액을 심장으로 운반하는 혈관은 무엇일까?

A. 동맥

B. 배관

C. 정맥

D. 대동맥

5. 소장을 쭉 펴면 _____.

A. 고래 길이만 하다

B. 마천루 높이만 하다

C. 침대 길이만 하디

D. 기린 키만 하다

6. 뇌와 몸 사이의 메시지를 전달하는 계는 무엇일까?

A. 순환계

B. 신경계

C. 골격계

D. 소화계

7. 태아를 만드는 세포는 무엇일까?

A. 뉴런

B. 모세혈관

C. 단백질

D. 생식세포

8. 양치질을 게을리하면 치아에 생기는 것은 무엇일까?

A. 플라크

B. 상아질

C. 치수

D. 법랑질

9. 몸에 들어오는 침입자는 무엇일까?

A. 항체

B. 병원균

C. 백혈구

D. 림프구

10. 골격근은 몇 개일까?

A. 450개

B. 600개 이상

C. 800개

D. 1,000개 이상

※ 정답은 210쪽에서 확인할 수 있어요.

10장

간단 요약

몸의 기관과 계는 밤낮을 가리지 않고 중요한 업무를 수행한다.

- 골격계는 생명을 유지하는 복잡한 조직의 집합을 지탱한다. 성인의 골격계는 206개의 뼈로 이루어져 있다.
- 뼈는 '관절'이라고 부르는 지점에서 서로 결합한다. 뼈끝에는 '연골'이라는 부드러운 조직이 있는데, '활액'이라는 액체 때문에 미끈거린다.
- 몸에는 600개가 넘는 골격근이 존재한다.
- 온몸의 세포에 산소를 공급하는 기관과 조직을 일컬어 '호흡계'라고 부른다. 세포가 영양분을 에너지로 바꾸려면 산소가 필요하다.
- 혈액은 물, 영양분, 산소와 같은 중요한 성분을 세포에 전달하고, 세포의 노폐물을 제거한다.
- 심장에는 양쪽에 두 개씩, 총 네 개의 공간이 있다. 심장이 박동하면 오른쪽 부위에서 폐로 혈액이 밀려 나간다.
- 치아는 음식을 자르고 으깬다. 침은 조각난 음식을 적셔서 목구멍을 수월하게 넘어가도록 만든다.
- 소화계로 들어간 음식은 여러 단계를 거쳐 에너지로 변한다.
- 면역계는 림프샘, 비장, 흉선, 골수 등의 장기와 조직으로 이루어진다.
- 뇌는 신경계의 사령부다.
- 인간이 번식하려면 두 개체의 성세포, 즉 생식세포가 필요하다.

정답

1장 쪽지 시험

1.1 입자와 원자

1. 양성자

2. 전자

3. 껍질

4. 핵

5. 늘어난다

1.2 화학 원소

1. 90개 이상

2. 다른 물질로 분해

3. 네온

4. 같다

1.3 주기율표

1. 전자껍질

2. 드미트리 멘델레예프

3. 족

4. 비활성기체

5. 금속원소

1.4 분자와 화합물

1. 아니다. 화합물이다

2. 공유, 이온

3. 분자가 두 개 이상의 원소 원자

　　로 이루어진 물질

4. 이온

5. 분자식

1.5 재료의 특성

1. 액체를 흡수하는 성질

2. 세라믹, 얇은 유리, 콘크리트 등

3. 연성, 전도성, 내구성

4. ×

1.7 산과 염기

1. 음전하

2. 소금과 물

3. 비누

4. 쓰다

5. 1

1장 퀴즈

1. B

2. C

3. D

4. C

5. C

6. B

7. A

8. B

9. A

10. B

2장 쪽지 시험

2.1 파동의 성질

1. 역학 파동

2. 마루

3. 파장이나 입자의 진동 전 위치

4. 횡파

5. 마루에서 마루까지 거리

2.2 전자기파 스펙트럼

1. 감마선

2. 적외선

3. 전자기파는 진공을 이동할 수 있다

4. 자외선

2.3 가시광선

1. 속도, 방향

2. 불투명하다

3. 망막

4. 시신경

2.4 색

1. 빨간색

2. 분산

3. 색맹

4. 검은

2.5 엑스선

1. 1895년

2. 화상을 입거나 암에 걸릴 수 있기 때문에

3. 뼈

4. 물체를 부수지 않고 내부를 관찰할 수 있다

2.6 전파

1. 파장이 길어서

2. 우주에서 오는 전파 때문에

3. 무선 어댑터

4. 전파를 이용한 탐지 및 거리 측정

2.7 소리

1. 달팽이관

2. 귓바퀴

3. 진폭

4. 높다

5. 크라카토아 화산 폭발

2.8 초음파와 초저주파

1. 개, 고양이, 쥐, 돌고래, 갈라고, 박쥐

2. 돌아오는 메아리, 반사된 음파

3. 태아의 건강을 확인하기 위해

4. 수심 확인

5. 20헤르츠

2장 퀴즈

1. C

2. B

3. D

4. A

5. D

6. B

7. A

8. B

9. C

10. A

3장 쪽지 시험

3.1 우주와 은하

1. 나선은하

2. 대폭발

3. 대폭발 이후 38만 년 뒤

4. 10만 광년

5. 1광년

3.2 혜성, 소행성, 유성

1 쿠마

2. 200년

3. 지구에 떨어질 때

4. 화성, 목성

3.4 태양계

1. 목성형 행성

2. 천왕성

3. 수성

4. 15억 킬로미터

3.5 지구의 공전

1. 타원형

2. 겨울

3. 23.5도

4. 10만 8,000킬로미터

3.6 낮과 밤

1. 서쪽, 동쪽

2. 여름

3. 24

4. 극지방

3.7 달

1. 태양 빛을 반사해서

2. 만조

3. 8개

4. 달이 공전하는 동시에 자전하
　므로

3.8 우주 활동

1. 미국, 소비에트 연방

2. 1969년

3. 축구 경기장

4. 제3법칙

5. 화성

3장 퀴즈

1. C

2. D

3. B

4. D

5. A

6. C

7. A

8. B

9. A

10. D

4장 쪽지 시험

4.1 지구의 형성

1. 38억 년 전

2. 2,000킬로미터

3. 달

4. 철과 니켈

5. 맨틀

4.2 지구의 대기

1. 다섯 개

2. 외기권

3. 자외선

4. 78퍼센트

4.3 지구조론

1. 맨틀의 대류

2. 대륙판과 해양판

3. 발산 경계 혹은 생성 경계

4. 해양판

5. 1억 7,500만 년 전

4.4 화산과 지진

1. 1,250도

2. 모멘트 규모

3. 없다

4. 화산이류

5. 불의 고리

4.5 암석과 광물

1. 퇴적암

2. 분출암

3. 광물

4. 흑요석

5. 퇴적암

4.6 풍화

1. 뿌리를 내린다

2. 이산화황

3. 팽창한다

4. 침식

4.7 물의 순환

1. 하늘에서 물이 떨어지는 현상

2. 수증기

3. 태양열

4. 물의 순환

4.8 날씨와 기후

1. 기상학자

2. 날씨

3. 육지

4. 열

5. 이산화탄소와 메탄

4장 퀴즈

1. C

2. C

3. C

4. A

5. D

6. B

7. A

8. B

9. C

10. B

5장 쪽지 시험

5.1 힘이란?

1. 뉴턴(N)

2. 근접 작용, 원격 작용

3. 쌍

4. 문 열기, 물건 줍기, 카트 밀기
   등

5.3 중력과 무게

1. 질량과 거리

2. 17킬로그램

3. 목성

4. 1687년

5.4 마찰력과 항력

1. 반대

2. 거칠다

3. 유체 저항

4. 열

5. 유선형

5.5 회전력과 비틀림

1. 모멘트

2. 작용

3. 중심선

4. 각가속도

5.6 인장, 압축, 휨

1. 변형

2. 압축

3. 세 배로 늘어난다

4. 로버트 훅

5. 유연성, 탄력성, 신축성

5.7 부력

1. 가라앉는다

2. 무게와 밀도

3. 밀도가 낮고 부력이 작용하는
   표면적이 넓어서

4. 아르키메데스

5. 가라앉은 물체의 부피

5.8 압력

1. 파스칼(PA)

2. 커진다

3. 상태

4. 기압

5. 고체

5.9 자석

1. 당긴다

2. 원격 작용

3. 마그네타

5장 퀴즈

1. B

2. A

3. C

4. A

5. A

6. D

7. D

8. B

9. C

6장 쪽지 시험

6.1 에너지의 종류

1. 탄성

2. 줄(J)

3. 위치에너지

4. 생기거나 사라지는

6.2 에너지 이동

1. 전기에너지 이동

2. 변하지 않는다

3. 생키 다이어그램

4. 매질

6.3 가열

1. 높다

2. 열평형

3. 대류

6.4 연소

1. 열, 빛, 이산화탄소, 물

2. 열

3. 발열

4. 색, 냄새

6.5 전기

1. 암페어(A)

2. 높은, 낮은

3. 부도체

4. 저항

6.6 전기 회로

1. 전기 충격을 받지 않으려고

2. 잇는다

3. 전구, 버저

4. 병렬회로

6.7 가정의 전기

1. 발전기

2. 불 끄기

3. 승압 변압기

4. 안전을 위해

6.8 재생 가능 에너지와
재생 불가능 에너지

1. 죽은 동식물의 잔해

2. 수력

3. 우라늄, 플루토늄

6장 퀴즈

1. D

2. A

3. B

4. D

5. B

6. A

7. D

8. B

9. C

10. C

7장 쪽지 시험

7.2 밀도

1. 밀도 = 질량 ÷ 부피

2. 기체

3. 온도, 압력

4. 수소 결합

5. 물

7.3 확산

1. 입자가 질서정연하게 늘어선
   채 움직이지 않아서

1. 높은, 낮은

2. 분자가 퍼지는 현상

7.4 응고와 융해

1. 0도

2. 움직임이 느려진다

3. NO

4. 다시 돌이킬 수 없는 변화

5. 액체

7.5 비등, 증발, 응축

1. 기화

2. 표면

3. 100도

4. 증발

7.6 승화와 증착

1. 에베레스트산

2. 액체

3. 드라이아이스

4. 증착

7장 퀴즈

1. C

2. A

3. C

4. D

5. C

6. A

7. B

8. D

9. A

10. B.

8장 쪽지 시험
8.1 생물의 기본 단위

1. 세포벽, 액포, 엽록체

2. 핵

3. 30조 개 이상

4. 줄기세포

8.2 생물의 분류

1. 종

2. 종에 이름을 붙이고 소속 집단
   을 정하는 작업

3. 전 세계에서 통용하기 위해

8.3 미생물

1. 바이러스

2. 세균이 체내로 침입할 위험이
   있어서

3. 다른 생물의 세포 안

4. 효모

8.4 식물

1. 약 40만 가지

2. 햇빛, 물, 이산화탄소

3. 기공

4. 호흡에 필요한 산소를 만들어
   서

8.5 동물

1. 척추의 유무

2. 약 97퍼센트

3. 주변 환경에 따라 체온이 변하
   는 동물

4. 포유류

8.6 서식지와 생태계

1. 먹이, 보금자리, 번식 기회

2. 미소서식지

3. 무생물

8.7 지구의 생물군계

1. 생명이 존재하는 모든 장소

2. 툰드라

3. 적도

4. 2개

8.8 생물다양성

1. 약 870만 가지

2. 인간의 활동

3. 36개

4. 80퍼센트

8.9 먹이 사슬과 먹이 그물

1. 생산자/식물

2. 최상위 포식자

3. 초식

4. 동물과 식물을 모두 먹는 동물

5. 죽은 생물의 분해

8장 퀴즈

1. C

2. B

3. D

4. A

5. C

6. A

7. C

8. D

9. D

10. A

9장 쪽지 시험

9.1 DNA

1. 이중나선

2. 대립 유전자

3. 23쌍

9.3 진화

1. 찰스 다윈

2. 특정 유전자나 특성을 보유한
   개체가 살아남아 번식할 가능
   성이 크다는 이론

3. 차이

4. 커지고, 길어지는

5. 없다. 진화는 종 단위로 일어난
   다

9.5 경쟁

1. 종내

2. 종내 경쟁

3. 협력

4. 자원

9.8 화석

1. 퇴적암

2. 부드러운 부위

3. 고생물학자

4. 지구 지각의 이동

5. 층

9장 퀴즈

1. D

2. B

3. D

4. A

5. D

6. B

7. A

8. C

9. C

10. D

10장 쪽지 시험

10.1 골격계와 근육계

1. 206개

2. 골격근, 심장근, 평활근

3. 활액

4. 이완

5. 인대

10.2 호흡계

1. 산소와 포도당

2. 적혈구

3. 이산화탄소

4. 에너지 생산량이 적고 젖산이
   발생하기 때문에

5. 젖산

10.3 순환계

I. 혈선과 딱지 생성

2. 동맥

3. 산소

4. 골수

10.4 구강

1. 송곳니

2. 잡식 동물이기 때문

3. 음식을 적신다

4. 법랑질에 뚫린 구멍

5. 치수

10.6 면역계

1. 골수

2. 식세포

3. 항체

4. 백혈구를 비축하고 혈액에 섞
   인 병원균을 탐지한다

10.7 신경계

1. 뉴런

2. 뇌, 뇌줄기, 척수

3. 머리뼈

4. 측두엽

5. 감각수용기

10.8 생식계

1. 고환

2. 아홉 달

3. 자궁 경부

4. 소변과 정액

5. 생식세포

10장 퀴즈

1. D

2. A

3. D

4. C

5. D

6. B

7. D

8. A

9. B

10. B

용어 사전

대립 유전자 특정 유전자를 대체할 수 있는 유전자.

대기 행성을 둘러싼 여러 겹의 기체.

원자 만물을 이루는 작은 물질 단위.

생물다양성 특정 지역에 사는 생물의 다양성.

화학 반응 분자의 원자가 흩어지고 재배열하여 새로운 물질을 형성하는 과정.

연소 저장한 에너지를 빛과 열로 바꾸는 반응.

소비자 먹이 사슬 혹은 먹이 그물에서 다른 생물을 먹는 생물.

전자 음전하를 띤 아원자 입자, 원자핵을 돈다.

원소 단 한 종류의 원자로 이루어진 물질, 다른 물질로 분해할 수 없다.

에너지 특정 물체나 계가 일할 수 있는 능력, 보통 줄로 나타낸다.

진화 오랜 세월 동안 특정 종에 일어난 변화.

은하 수백만 혹은 수십억 개의 별로 이루어진 무리(가스와 먼지도 있다). 은하의 구성원은 중력 때
문에 서로를 떠나지 못한다.

면역력 해로운 미생물의 공격을 막아내는 생물의 능력.

맨틀 일부가 녹은 층. 지각 아래에 있다.

물질 질량이 있고 공간을 차지하는 모든 물질.

핵 원자의 핵은 양성자나 중성자를 포함한 중심부이며, 세포의 핵은 정보를 저장하고 작용을 제어
하는 관제소다.

생물 살아있는 개체.

수소이온농도지수 물질의 산성이나 염기성을 1~14의 숫자로 표현한 지수.

강우 하늘에서 땅으로 떨어지는 물. 비, 눈, 진눈깨비, 우박 등이 있다.

피동 공긴이나 물질의 교란. 에너지의 이동을 유발한다.

왜 유래하고
쓸모 있는 과학

초판 1쇄 발행   2021년 6월 25일

지은이   빅토리아 윌리엄스
발행인   곽철식

외주편집 구주연
디자인   박영정
펴낸곳   다온북스
인쇄   영신사

출판등록   2011년 8월 18일 제311-2011-44호
주소   서울시 마포구 토정로 222, 한국출판콘텐츠센터 313호
전화   02-332-4972   팩스   02-332-4872
전자우편   daonb@naver.com

ISBN 979-11-90149-58-7 (04400)

- 다온북스는 독자 여러분의 아이디어와 원고 투고를 기다리고 있습니다.
  책으로 만들고자 하는 기획이나 원고가 있다면, 언제든 다온북스의 문을 두드려 주세요.